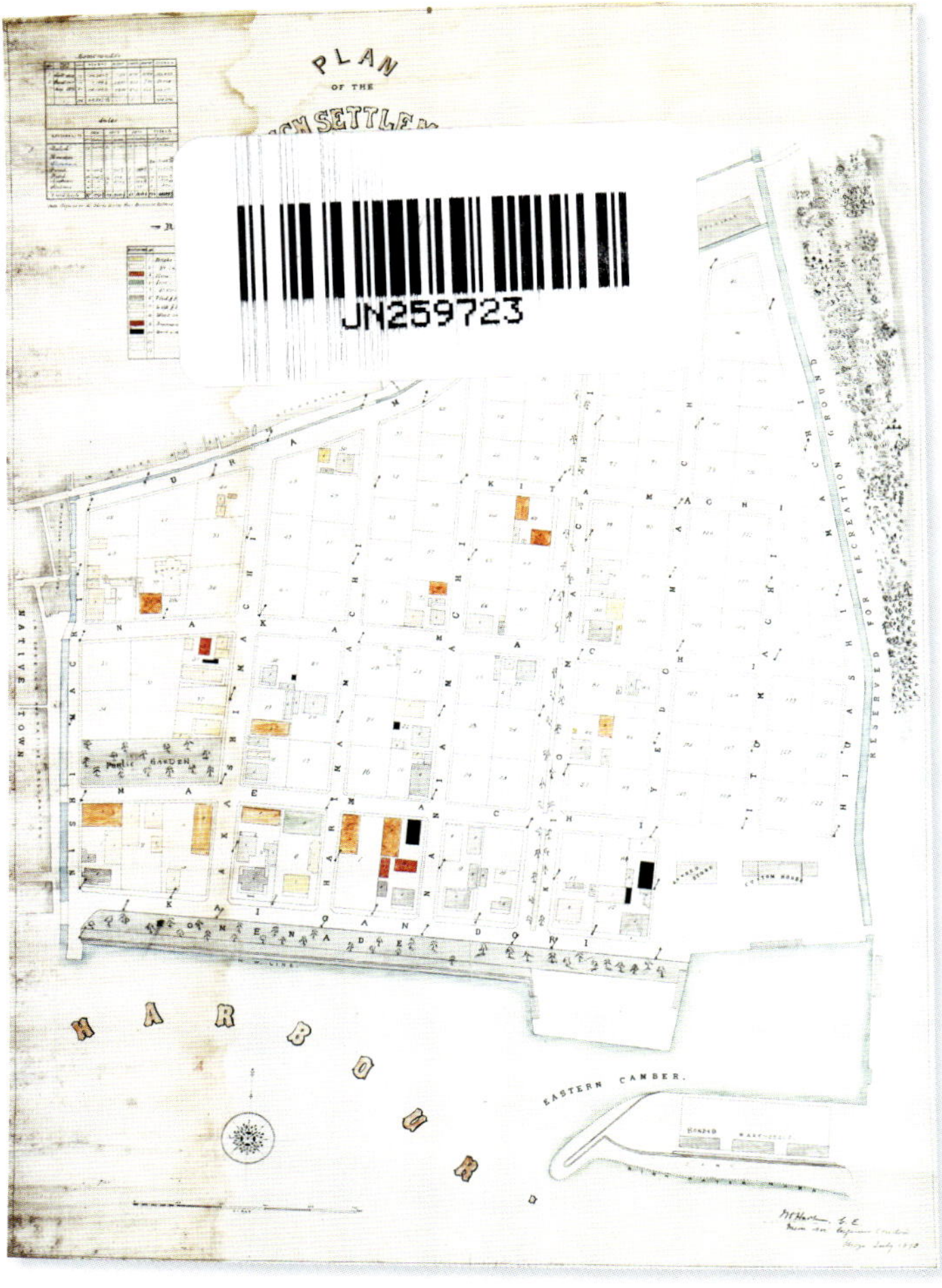

1 ● PLAN OF THE FOREIGN SETTLEMENT OF KOBE
（神戸外国人居留地計画図、1870年）

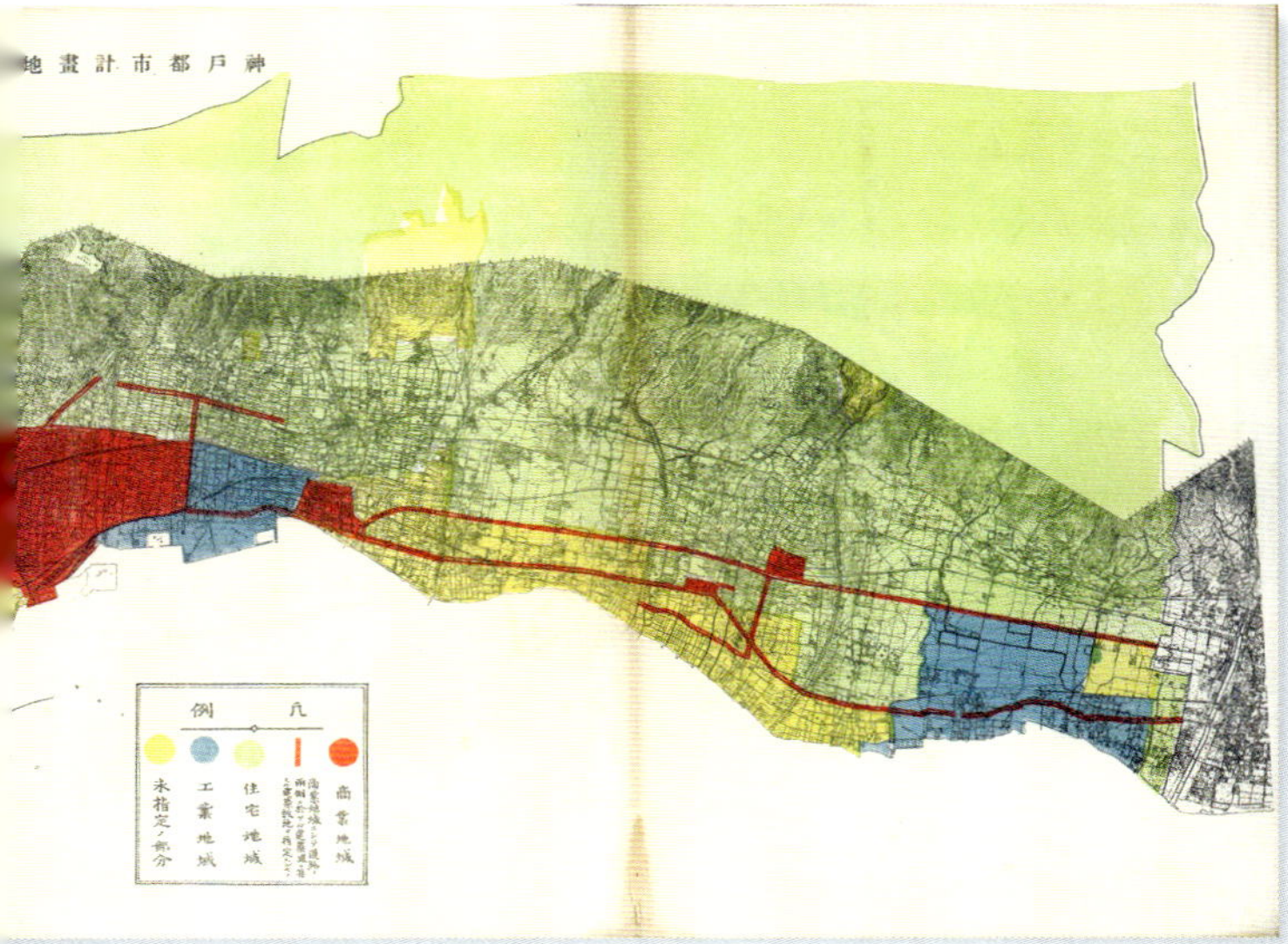
神戸都市計畫地
凡例
商業地域
住宅地域
工業地域
未指定ノ部分

凡例

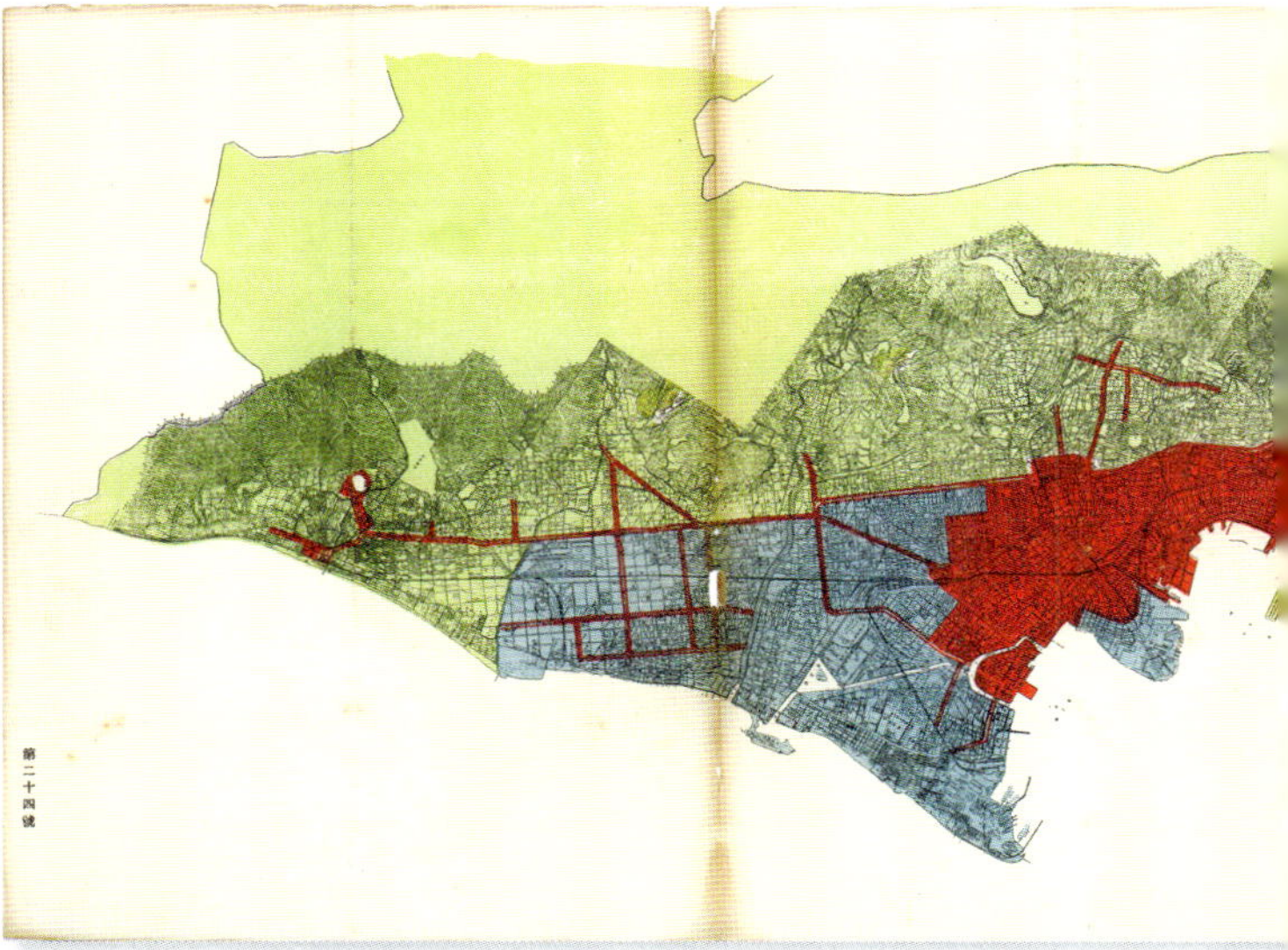

2●神戸都市計画地域図（1920年代）

3●神戸市疎開空地・焼失区域並戦災地図（1946年）

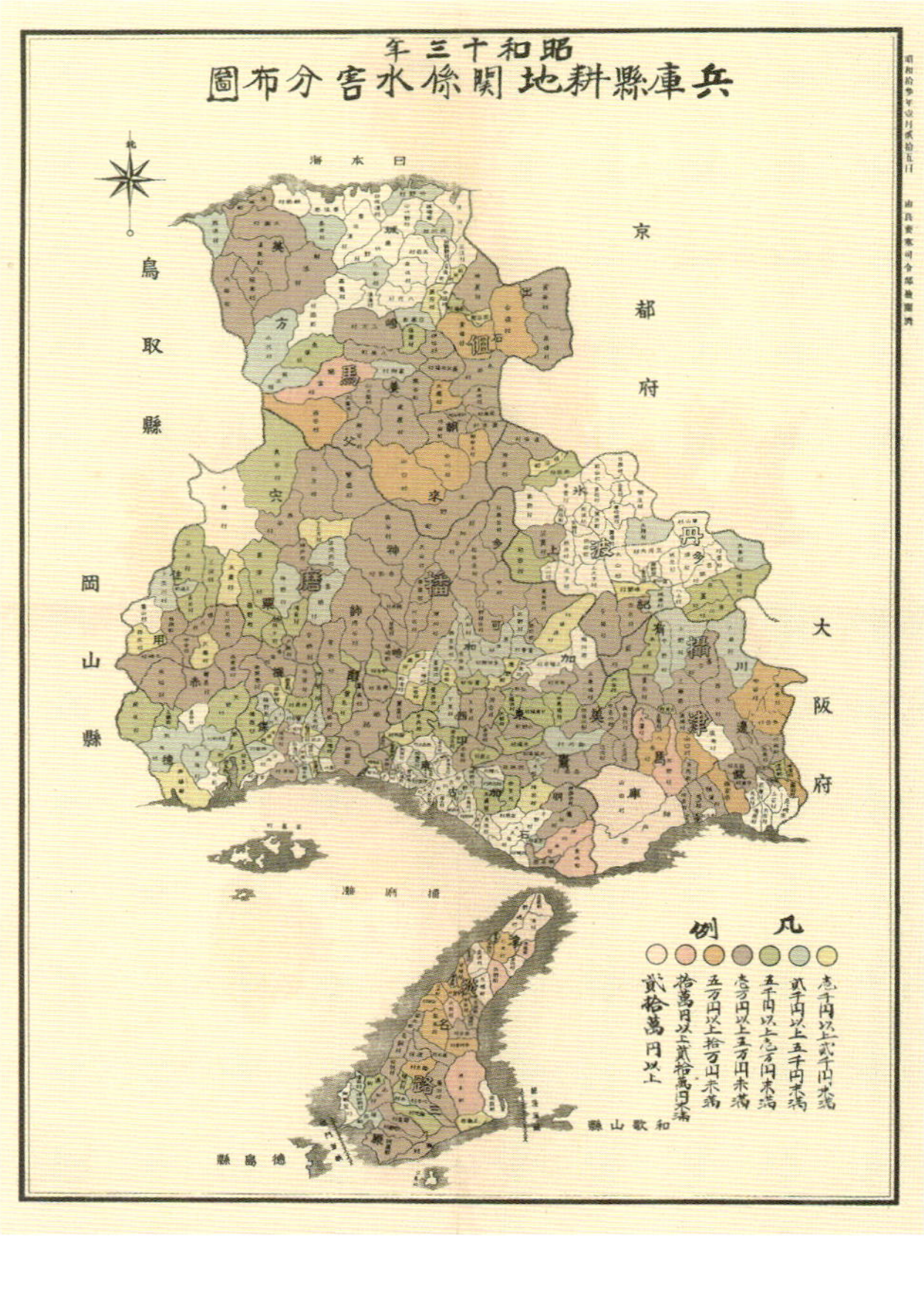

4●昭和13年 兵庫県耕地関係水害分布図

5●（上）神戸タワーから見た新開地の焼け跡（1946年）
6●（下）灘区の六甲ハイツ（1948年頃）

7 ● 1963年に竣工した中突堤のポートタワーと艀だまり

8●（上）神戸市役所４代目庁舎の北側に設置された花時計

9●（下）東遊園地の阪神・淡路大震災　慰霊と復興のモニュメント

《COSMIC ELEMENTS》と《1.17希望の灯り》

10●神戸市歴史公文書館として活用される
旧岡方倶楽部

ちくま新書

神戸

――戦災と震災

村上しほり
Murakami Shihori

1832

神戸——戦災と震災【目次】

はじめに　神戸というまちの魅力

兵庫県南部に位置する神戸市。その市域は、1868年に開港した神戸港があること、海と山、豊かな自然に恵まれていることで知られている。交通網の発達したコンパクトシティでもあり、利便性の高さと恵まれた環境が感じさせる「暮らしやすさ」は大きな魅力といえる。

近現代の社会と都市の暮らしは、めまぐるしく変わってきた。神戸の近現代は、神戸港開港後、1889年の市制施行による「神戸市」の成立に始まる。特徴的な都市の変動として、1938年の阪神大水害、1945年の神戸大空襲、1995年の阪神・淡路大震災といった多くの災害や戦災があった。これらの度重なる大きな危機からの復興を繰り返して、現在がある。

神戸出身の小説家・陳舜臣は、『神戸というまち』(至誠堂新書、1965年)のまえがきに「神戸を書くのは、私にとってかなりシンドイことだった」としたためた。自分が生まれ育った土地は身近すぎて、「つき放して観ることができない」から、気楽に書いたという。

偉大な陳舜臣と並べるのはおこがましいが、私もまた占領下神戸の研究者として、「あなたにとっての神戸とは」と繰り返し問われてきた。これまで、建築・都市計画学の分野で都市史を研究し、戦後神戸市の戦災復興やGHQによる占領、市民の生活再建の相克を描きだした（村上しほり『神戸　闇市からの復興――占領下にせめぎあう都市空間』慶應義塾大学出版会、2018年）。

私にとって、神戸は生まれた場所ではないが、10歳から暮らし育ってきた「地元」である。神戸市内の学校に通い、遊び、働き、居を構え、変わるまちとともに生活してきた。いま思うと私たちの青年期は、阪神・淡路大震災の影響を大きく受けた、震災復興下の神戸にあった。平成の神戸に暮らしてきた私には、震災と震災復興はあまりに身近だった。論じることができないほどに近く、しかも被災の当事者ではない。経験を語る対象ではなく、聞く対象として、阪神・淡路大震災はあり続けた。

一方で、その50年前に神戸が空襲によって激しく傷つき、戦災復興によって従前の昭和初期から姿を変えたことの実感は薄かったが、戦後の都市再建や、震災前までに形成されていた神戸のまちがどのようなものだったかには興味があった。近くて遠い存在に感じるアンビバレンスとの私なりのつきあい方として、このまちの歩みを考えはじめたのかもしれない。

神戸のまちは、さまざまに語られ、描かれてきた。

明治初期には牧歌的な田園風景、明治後期には多くの外国人が行き交い、盛んな商売の一方で危うさのある無国籍なまち。

大正期は海運ブームによる活況から不況への激動と異国情緒が馴染《なじ》んだ活気あふれる新興文化のまち。

そして、昭和初期には、金融恐慌から軍需景気への移り変わりや産業転換が起きるなか、水害や戦時体制など、開港から約70年でかたちづくられていた神戸のまちが崩れていく時期に突入した。

昭和期には戦後も共通してエキゾチック、国際的というイメージが強調されたが、安定成長期になると、治安よりも商機を優先した猥雑《わいざつ》さを一掃し、美しくオシャレなまちへと変わっていった。

＊

先日、次期総合基本計画（マスタープラン）の策定において、「神戸といえば◯◯やんなぁ」というフレーズで神戸の「まちの魅力」を言語化するアンケート調査が実施された。そこでは、「海と山に囲まれた自然豊かな環境」「夜景の美しさ」「都会でありながら田園・里山もあるまち」「オシャレ」の4項目が、魅力の上位に選ばれた。

ここに挙げられている4つはいずれも、目に映るまちの魅力だ。海、山、都市、農村の風景が昼夜ともに魅力的であることは素晴らしい。私も、傾斜地から／傾斜地を望む神戸らしい眺めにはアイデンティティがある。

しかし、地元の人間が答えているにもかかわらず、視覚に訴える魅力ばかりが前に出ること、その結果として普遍的な日本全国どこにでもあるまちの魅力に回収されていることに危うさを感じる。各区で開催されたワークショップではさまざまな声が出たが、結果を数的にまとめ上げると、わかりやすさがディテールを捨象してしまった感がある。これは往々にして起きることだ。

デザインは「選択と捨象」を加速させる。経営や業務の意思決定においては必要である一方、これを都市に当てはめると、その多面的な魅力が単純化されてしまう。

都市空間の魅力は五感をフルに使って楽しむものである。だからこそ、その場に身を置きたい、足を運びたいと感じる人びとが訪れるわけで、視覚の魅力はその一歩目に過ぎないと考えたほうがよい。

さて、対象が人でもまちでも、ぱっと見は生理的な○か×だ。その印象を過ぎて深く知っていくと、見えることが増える。解像度が高まる。そして、すべてが好印象とはいかなくなる。

しかし、「なんかいい感じ」という軽さを超えて、言語化しづらい「私と神戸との関係」がかかわる人の数だけ生まれれば、きっと新たな神戸像も生まれていくに違いない。

神戸というまちがよりよく理解されることで、見た目の美しさや素敵さだけではなく、つらさや苦しみを抱えたこのまちのさまざまな歩みさえも愛《いと》おしく思えるような、そんな関係が築かれる可能性も開けるのではないか。

そんなことを、震災30年の2025年を目前に考えている。

同じ都市を描くにしても、捉えようとするスケールや時期や対象によって、見えるものは変わる。本書では、明治期から現代までの神戸の都市史をひとつながりに捉え、罹災からの復興によって生まれた神戸というまちの成り立ちを描く。

いま自分たちが暮らす、訪れる神戸のまちをどう見るか。そして、これからもいつ発生するかもしれない危機とどう向き合うか、どう再建するのか。

本書は近現代神戸における災害からの復興を、都市計画と人びとの生活に着目して読み解いた。幅広い世代が都市の歴史を考えるための端緒となることを願う。

第1部

近代

神戸は1868年の明治開港に始まると言われる若い都市だ。

市内のそれぞれの旧町村には歴史がある。しかし、それらをまとめて成立した「神戸」を象徴する六甲山系と大阪湾に挟まれた市街地の多くは、近現代に形成された。明治中期に小さな神戸市が成立してから、市域の拡大は1958年まで続いた。

近代開港で神戸の何が変わったのか。よくイメージされる外国人が暮らす国際港湾都市のあゆみはどうやって始まったのか。

はじめに、開港や外国人居留地造成の影響は、現在の市街地にどのように表われているのかを見る。そして、近代神戸の市街地で多発した水害とその克服について、都市計画の進展とあわせて考えていこう。

第1章 開港による都市形成

図1-1　神戸市の行政区

現在の神戸市は東灘区、灘区、中央区、兵庫区、北区、長田区、須磨区、垂水区、西区の9区からなる（図1－1）。その中心市街地は神戸港や市役所庁舎、多くの商業・業務機能が集積する中央区で、最寄りの鉄道駅は三宮《さんのみや》や元町《もとまち》である。

このエリアの海側には、1868年の神戸港開港によって外国人居留地が形成された。幕末、開港のために都市形成が進み、近世・兵庫津《ひょうごのつ》から近代・神戸港へと市街地が東に広がり、その西側には中華街、山側には異人館街も生まれた。そして、神戸市域は約70年をかけて周辺町村との合併を重ねて現在の姿になった。

本章では、そうした神戸開港による都市形成について見てみよう。

1　兵庫県の成り立ちと旧五国

兵庫県は近畿地方7府県では最も面積が大きく、日本海と瀬戸内海に面している。約8400㎢に41市町、人口約540万人が暮らし、県庁所在地が神戸市だ。

現在の兵庫県域は、江戸時代の末期には5つの国（摂津、播磨、但馬、丹波、淡路）からなった。大名領や幕府直轄領、旗本領、公家領、寺社領など130を超える領主が支配し、旧幕府直轄領等を管轄地として1868年に第1次兵庫県が設置されてから、1871年7月の廃藩置県以前は多くの大名領が存続した。

廃藩置県によって旧藩が県に置き換わり、現在の県域には30以上もの県が成立した。同年11月に行政区画の全面改正が行われ、現在の兵庫県域は、兵庫、飾磨《しかま》（播磨全域）、豊岡（但馬全域、丹後全域、丹波3郡）、名東《みょうどう》（阿波及び淡路全域）の4県に編成された。この摂津の西部5郡を管地とした時期を第2次兵庫県という。また、1876年8月に飾磨県、豊岡県、名東県の一部が兵庫県に併合されたことで、ほぼ現在の県域となる第3次兵庫県が生まれた。

1878年に郡区町村編制法、府県会規則、地方税規則の地方三新法が制定された。翌年に郡区町村編制法が施行され、兵庫県には神戸区と33郡が設けられ、1区役所と27郡役所が設置された。

†旧五国と神戸（摂津）

こうして明治前期にひとつになった兵庫県ではあるが、旧五国は気候風土も歴史文化も異なっている。それぞれの特徴を見てみよう。

摂津は貿易港として発展した神戸を中心に市街地が広がり、県人口の6割が集中している。開放的な都市文化が根づいていると認識され、神戸市灘区以東のいわゆる「阪神間」と呼ばれるエリアと重なる。

播磨は肥沃な播磨平野、豊かな播磨灘、世界遺産の姫路城を擁し、県土の4割を占める広大な地域を擁する。

但馬は日本海に面して積雪が多く、県最高峰・氷ノ山《ひょうせん》等の山岳、変化に富む海岸線など自然美を誇る。

丹波は豊かな土壌を活かした農産物を生産し、都会に近いため移住者にも人気がある。

淡路は古来より「御食国《みけつくに》」と称されるように、現在も農漁業が盛んな島で、北の明石海峡大橋、南の鳴門大橋で神戸と徳島とを結ぶ。

関西では京都人、大阪人、神戸人を並べて比較することが多い。しかし、そもそも「神戸」というエリアはかつての摂津国と播磨国にまたがっており、その神戸を含む兵庫県も、旧五国からなる多様性のある地域だ。

1都道府県につき1キャラを描いた『県民性マンガ　うちのトコでは』(もぐら著、飛鳥新社)では、兵庫県のキャラクターは旧五国を示す、神戸(摂津)、播磨、丹波、但馬、淡路の5体。47都道府県のなかで唯一の例外として描かれた。

県政150周年を記念して、この旧五国の多様性を県公式で位置づけた「兵庫五国連邦(United 5KOKU of HYOGO＝U5H)プロジェクト」という企画が2018年度に始まった。同作品とタイアップしたU5Hのポスターやエピソードマンガは、兵庫県民にとってまさに「ふるさとあるある」を実感させるものだった（図1-2）。

ここでは、おそらく「摂津」ではその範囲が伝わらないため、「神戸（摂津）」や「神戸・阪神」と表記されている。摂津国は大阪府北中部と兵庫県南東部にあたり、二府県にまたがっている。

大阪市も神戸市も港というルーツを同じくした、多様性を前提とする都市だ。近代には、大阪は産業化の伸展から商都、神戸は国際貿易の窓口の港湾都市として発展した。

神戸市内でも、東の摂津と西の播磨の風土はまるで違う。摂津は六甲山系と海のあいだの中小河川による扇状地、播磨はゆるやかな丘陵と播磨平野からなる自然豊かな地勢に暮らす。

旧摂津にあたる東神戸から大阪に通勤する人が多く、それには歴史がある。大正・昭和初期には、神戸市東部から大阪間の地域に大阪の起業家たちが邸宅や別荘を建てた。その頃、私鉄の阪神・阪急電鉄が軌道敷設と郊外住宅地の開発を進めていた。そこには芸術家や文化人などが多く移り住み、「阪神間モダニズム」と呼ばれる芸術文化や建築、生活様式が花開いた。そして、この時期に進んだ郊外居住のライフスタイルは、現代にも引き継がれている。

図 1-2　兵庫五国連邦（United 5KOKU of HYOGO=U5H）プロジェクトの神戸

私は播磨の城郭都市にあたる姫路市にも暮らしたことがあるが、神戸と姫路とでは、地勢や気候風土、言葉遣いだけでなく、郷土意識の強弱もまったく違う。

近代神戸のような港湾都市には「よそ者」が集まり、また去る。人が流動的に動くことを前提にしているからか、郷土愛とは別の次元で「来るもの拒まず、去る者追わず」の気質が根づいている。風土やそこに暮らす人びとの気質は、近現代史における行政区画の境界線を越えるものがある。

2 神戸開港の前史――兵庫津のはじまり

神戸における港のはじまりは、神戸市兵庫区南部の兵庫津エリアだった。

平安時代には「大輪田泊《おおわだのとまり》」と呼ばれた。東南の風波による難破の危険があったため、812年より、幾度も修築が行われた。

大輪田泊は平清盛が日宋貿易の拠点として重視した港でもあった。私財を投じた改修を行い、防波堤となる「経ヶ島《きょうがしま》」を築いたが、詳しい場所はわかっていない。1173年に

「兵庫津」と名づけられた同港は、室町時代には足利義満による日明貿易の拠点となり、応仁の乱の戦禍によって衰退する。

しかし、江戸時代中期には、大阪・兵庫から江戸へ城米《じょうまい》を輸送する航路が開設されて、兵庫津は再びにぎわうようになる。そこでは、菱垣《ひがき》廻船が、江戸・大坂間の海運として木綿・油・酒・薬など江戸で必要とされる日用品や幕府・諸般の荷物を運送した。

また、灘・伊丹・泉州など関西産の酒樽荷を主に、大坂・西宮の両地から江戸へ運送した樽廻船問屋仕立ての樽廻船も活躍した。1799年には択捉《えとろふ》航路が開き、北海道物産の交易基地にもなった。

†近世の兵庫津

さて、近世の兵庫津は、どのような土地だったのだろうか。

1603年に関ヶ原の戦いに勝利した徳川家康が征夷大将軍に就き、領地だった江戸に幕府を開いた。それからも摂津国の兵庫津は豊臣の直轄領だったが、1615年に江戸幕府と豊臣家との合戦、大坂夏の陣で豊臣家が敗れて大坂城が落城し、同年7月に江戸幕府は元号を「慶長」から「元和《げんな》」に改めた。こうして豊臣領だった兵庫は江戸幕府領に編入された。

1617年に、江戸幕府は近江膳所《ぜぜ》藩第2代藩主だった戸田氏鉄《うじかね》を尼崎に移封し、摂津国尼崎藩を創設した。これによって、摂津国の兵庫津は尼崎藩領となる。

藩政の中心は尼崎で、兵庫津は当時の港町かつ西国街道の宿場町として栄えた。藩主が青山氏、松平氏と替わったのち、1769年に他の村々とともに幕府領に編入されるまで、150年余、尼崎藩下にあった。

戸田氏のもとで大坂城の普請が始まり、兵庫津にも貨物輸送のための廻船が入るようになった。船を出せなくなった漁民は、和田崎から二ッ茶屋村、神戸村（現・神戸市中央区）の沖を漁場とすることを藩に願い出て、賦課された銀を納めることを条件に許可された。また、青山氏のもとでは検地を行い、法整備や兵庫城跡に陣屋の兵庫津奉行所を設置するなどの藩による支配・秩序化が図られ、松平氏のもとではさらに港の秩序化や人口移動の把握も進められた。

兵庫津には個別の町があり、それをまとめて町政にあたった岡方・北浜・南浜という3つの組町には、都市運営を担う町役人の自治組織がつくられた（図1‐3）。兵庫津の運営を統轄する名主は、各町の組頭の選挙によって選ばれ、兵庫津奉行によって任命された。

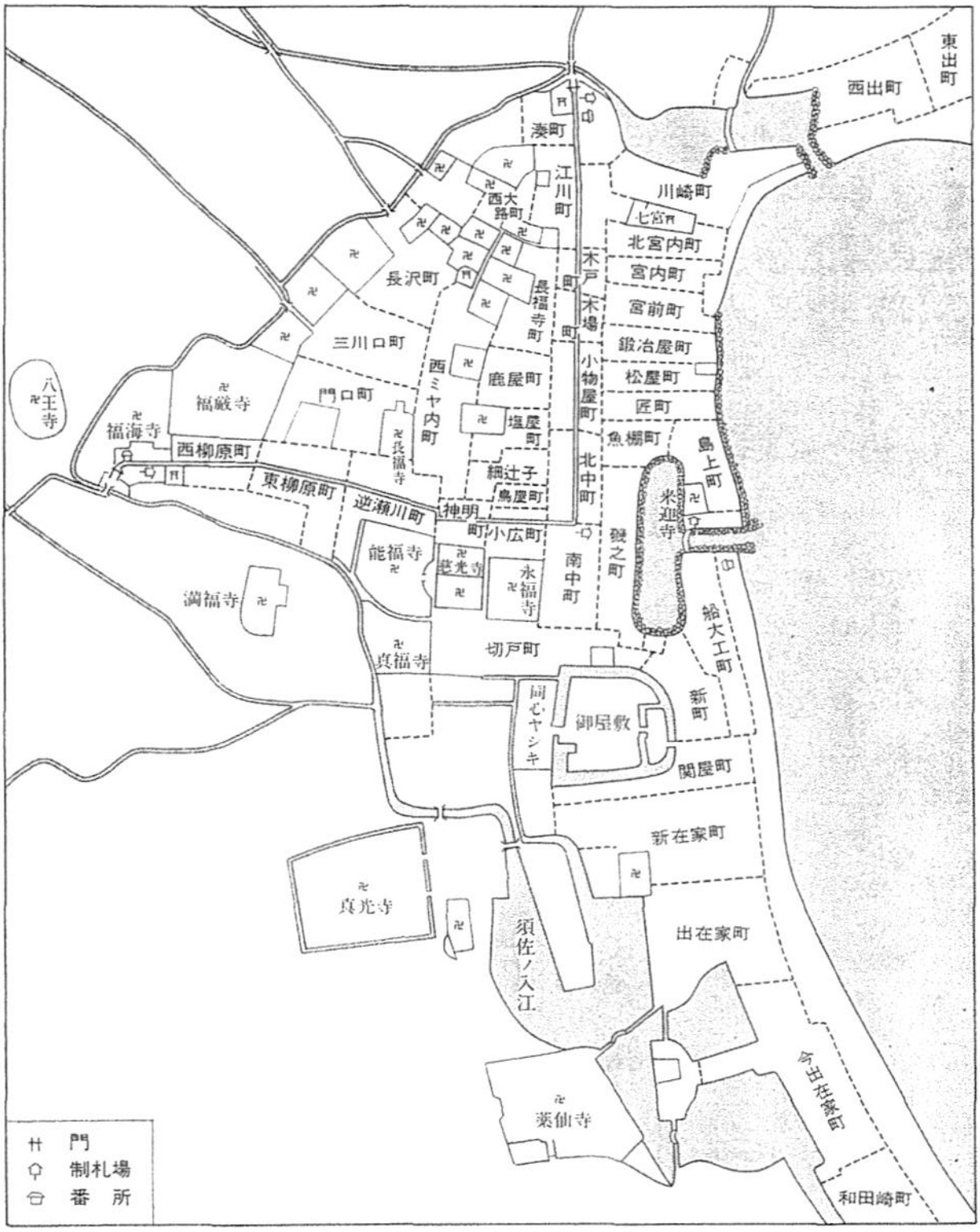

図 1-3　近世前期の兵庫津略図

岡方では有力商人、北浜・南浜では問屋・船宿などの有力者が複数で名主となった。岡方は小物屋町、北浜は鍛冶屋町、南浜は新在家町に惣会所を置き、事務を執《と》った。ここでは各方角で雇用された惣代の都市専業役人としての業務が増え、その役割は次第に高まっていった。

1769年に明和の上知令《あげちれい》によって兵庫津が幕府領に編入されてからも、岡方・北浜・南浜は行政区分として生き、兵庫陣屋の一部には兵庫勤番所が置かれた。

江戸時代後期には、北海道、東北の日本海沿岸と近畿を結ぶ北前船の発着港として兵庫津のまちは発展し、鎖国下の国内交通の要衝として、近世兵庫津の人口は急激に増加した。これには、廻船業経営の傍ら、港の築造や各種道具の発明を遂げた工楽《くらく》松右衛門（1743〜1812）や、択捉航路の開拓や函館発展の基礎を築いた高田屋嘉兵衛《たかたやかへえ》（1769〜1827）が大きく貢献した。

明治になると、1868年5月23日の兵庫県誕生とともに、兵庫勤番所として用いられていた兵庫城跡に最初の県庁が置かれ、初代県知事に伊藤博文が就任した。同年に神戸港が開港し、翌1869年には岡組・北組・南組に置かれていた会所がひとつになり、行政機関の統一が図られた。1875年には兵庫新川運河が完成し、兵庫の港湾としての条件が改善された。また、1868年には有力な商人の神田兵右衛門《こうだひょうえもん》らが「明親館《めいしんかん》」という学校を興《おこ》した。

しかし、明治維新後は肥料であった干鰯《ほしか》交易の衰退もあり、外国貿易の拠点となっていく神戸港と居留地に、市街地形成の中心は移っていった。

3 近世から近代へ——神戸港の開港

1853年6月、浦賀沖には艦隊を率いたペリーが現れた。アメリカから要求されて、1854年3月に幕府は横浜村で日米和親条約を締結した。

そこでは、下田・箱館の2港を開いてアメリカの船舶に燃料や食料を供給することや、アメリカの難破船や乗組員を救助することが定められた。下田に駐在する初代アメリカ総領事として来日したハリスは、続いて、貿易を始めるために日米修好通商条約の締結を求め、1858年6月に神奈川沖のポーハタン号上で調印がなされた。

この条約では、神奈川・長崎・新潟・兵庫の開港と江戸・大坂の開市、自由貿易の開始が定められ、開港場にアメリカ人のための居留地を設けることとなった。当時「運上」と呼ばれた関税は日米の協定で決めることとなっていたが、関税率を決める権限が日本にない不平等な条約だった。

さらに、1858年に安政五ヵ国条約としてオランダ、ロシア、イギリス、フランスと同様の修好通商条約が結ばれた。幕府とプロイセンの修好通商条約は1861年に締結され、1871年にドイツ帝国が成立したあとも引き継がれた。

これらの条約では関税自主権の欠如や治外法権を認めていたため、のちに明治政府が欧米諸国と改正を求める交渉を行うこととなった。

†神戸港の誕生

こうして「兵庫」として開港の決まった神戸の港は、兵庫津ではなかった。

歴史のある天然の良港だった兵庫津には、後背地にすでに兵庫のまちが広がり、公使や貿易商の駐在に必要な居留地を建設する敷地がなかった。住民に、外国人の出入りに対する忌避感があったことも一因だった。

そこで、兵庫から旧湊川を挟んで東側の神戸の海岸を用いて「神戸港」を整備することに決まった。このとき、一帯の広大な畑地と砂浜を利用して居留地を造成することも想定されていた。

当時の神戸村の入江には、1855年に網屋吉兵衛《あみやきちべえ》が、船舶修理のための乾《かん》ドック「船《ふな》蓼場《たでば》」を建設していた。私財を投じた建設計画は資金繰りが難しく、神戸村が借金を肩代わりして船蓼場を引き取り、網屋は管理人として雇用されたという。

安永新田(現・新港第一突堤付近)の南側には神戸港築港の先駆者としての網屋を称える顕彰碑が1968年に建立されたが、のちに北側へと移設され、遺されている。

1864年には勝海舟の建言で、これを利用して幕府の神戸海軍操練所が創設された。海軍操練所は海軍力の増強のために設置した、日本初の海軍士官養成機関だった。軍艦造船や修繕などの技術も教えられ、坂本龍馬らが学んだことで知られているが、1865年3月にわずか1年で閉鎖された。2023年には神戸港の再開発に伴い、操練所時代や初期の神戸港第一波止場、明治時代中期以前の石積みの防波堤が遺構として発見された。

さて、1859年に長崎・横浜・箱館の3港が開港した。

当初は兵庫開港と大坂開市を1863年に行うはずだったが、攘夷派の反対行動や物価の高騰に加え、各地で一揆なども続出したため、幕府は江戸・大坂の開市と兵庫開港を5

年延期することとなる。そして、第15代将軍に徳川慶喜がつき、明治天皇が皇位についた頃、薩長の動きに対する軍事力の強化を図った慶喜が朝廷側に兵庫開港の上申書を提出し、1868年1月に神戸港を開港、大坂を開市することとなった。なお、大坂の開市は翌年に開港と改められ、新潟も開港した。同時期には江戸幕府の大政奉還を受けて、明治天皇より勅令「王政復古の大号令」が発せられ、明治政府が成立することとなった。

こうして、神戸では元町、大坂では川口（西区）に外国人居留地の造成が急がれ、1868年のうちに開設されることになった。

明治期から大正期にかけて、横浜港と神戸港は近代日本の二大貿易港としての地位を確立していった。横浜は輸出港、神戸は輸入港を擁する都市となり、欧米文化の伝来地としての性格を色濃く育みながら発展した点に特徴があると言えるだろう。

1923年の関東大震災によって横浜港は甚大な被害を受ける。復旧期には外国貿易の船舶が神戸に集まり、それまで横浜独占だった生糸貿易も神戸港に移った。横浜で被災して神戸に移住したドイツ人が創業した、洋菓子のカール・ユーハイムのような人の移動も見られた。

4　開港に伴う都市形成

†神戸外国人居留地の造成

開港に伴い、幕府は1867年5月に「兵庫港並大坂に於て外国人居留地を定むる取極」として12カ条をイギリス、アメリカ、フランス公使に提示、次いでオランダ、プロイセン（ドイツ）にも同意を得て、神戸と大坂の居留地の範囲を定めた。

神戸居留地の範囲や土地家屋の貸借については、次のように示された。

第一条　日本政府兵庫に於て条約済各国人民の居留するは神戸市街と生田川との間に在る地面と定め別紙絵図面に紅色に彩色せし地面を築上げ海岸より次第に高く水落宜き様に為し海岸に長さ四百間に下らざる石垣を設け猶以後決定すべき道路を開き下水を掘るべし

第二条　前条取極の外国人の為に用意する地所追々塞り猶他の場所入用の時に至れば入用丈後の山脇迄広げ神戸市街にて地所或は家作を所持する日本人は之を外国人に貸渡す事勝手たるべし

政府は当時の神戸市街と生田川との間を居留地として造成し、海岸に石垣、道路と下水の整備を行うこととし、場所が足りなければ北側の山麓まで範囲を広げて、日本人が土地家屋を外国人に貸借することができると定めた。

これによって、日本と通商条約を結んだイギリス、アメリカ、ドイツなどの商人が営業と居住を許可された外国人居留地を計画することになる。

神戸では、神戸村の鯉川以東、旧生田川以西、西国街道以南に設けるとして、イギリス海軍の測量技師C・ブロックによって幕末より基本計画が立案され、それを受け継いだイギリス人土木技師　J・W・ハートが居留地行事局の顧問技師として都市整備を進めた。

その工事は1868年6月と遅れつつも完成し、第1回競売は同年7月に実施された。その後は1873年の第4回まで、合計4回の競売が実施された。

	第1回	第2回	第3回	第4回
実施日	1868年7月24日	1869年6月1日	1870年5月16日	1873年2月17日
区画数	36	25	60	5
イギリス	12区画（8人）	13区画（12人）	35区画（23人）	4区画（3人）
アメリカ	10区画（9人）		1区画（1人）	
オランダ	7区画（6人）	2区画（2人）	6区画（4人）	
フランス	4区画（4人）	2区画（2人）	5区画（5人）	
ドイツ	3区画（3人）	7区画（7人）	12区画（8人）	1区画（1人）
イタリア			1区画（1人）	
居留地行司		1区画（1人）		

表1-1　居留地競売の内訳

全126区画で競落された区画を国別に見ると、イギリス64区画、ドイツ23区画、オランダ15区画、フランス11区画、アメリカ11区画、イタリア1区画、居留地行司1区画だった。

4回実施された居留地競売の内訳（表1－1）からは、おおよそ1870年5月までに宅地の造成が完了していたことがわかる。神戸外国人居留地には、明らかにイギリスを筆頭にヨーロッパの影響が大きかった。なお、来日した中国人は居留地内に住むことを許されず、西隣に住み始めたのが南京町のはじまりという。

†神戸外国人居留地計画図

競売が行われていた時期の1870年と1872年にハートが作成した"PLAN OF THE FOREIGN SETTLEMENT OF KOBE（神戸外国人居留地計画図）"

（口絵1、図1－4）は神戸市立中央図書館貴重資料デジタルアーカイブズで閲覧できる。

神戸外国人居留地は、東を旧生田川、西を旧鯉川、北は西国街道、南は海に囲まれた地区として造成され、河川改修による付け替えと暗渠化で道路になった。1870年と1872年の間に生田川は、流路を東に付け替えられたことで「生田川跡」が整備された。のちに新生神戸のシンボルロードとなる道路を生んだ、この明治の一大事業については、次章で詳述する。まずは、1870年と1872年の2枚の計画図を見てみよう。

これらの計画図に見られる旧神戸外国人居留地の22街区126区画や広幅員（90ft＝約27m）の現・京町筋、東西南北の道路名称は、現在にも引き継がれている。また、1870年の計画図の居住エリアの東側には森林が描かれている。その西側には“RESERVED FOR RECREATION GROUND”の文字が見られ、外国人居留遊園の造成予定地であることが示されている。

1872年の計画図の東端に見える“IKUTAGAWA DIVERTED”は生田川跡を示し、その手前の水色には“RIVER BANK”つまり、河岸と表記がある。そこには“FOREIGN RECREATION GROUND”と併記され、1875年に外国人居留遊園として開園したこの地は、現在の東《ひがし》遊園地と神戸市役所にあたる。

図 1-4　PLAN OF THE FOREIGN SETTLEMENT OF KOBE（神戸外国人居留地計画図、1872 年）

東遊園地を東西に挟むように、旧生田川の河岸と、より小規模な河川とが描かれている。これは河口では"CUSTOMHOUSE（税関）"の東側を流れて"BONDED WAREHOUSE（保税倉庫）"を設けた突堤をつき抜けて神戸港に流れ込む計画に見える。1870年の計画図では突堤の手前から海に抜けており、最終計画ともまた異なる。なお、1872年8月に作成された「摂州神戸山手取開図」（神戸市立博物館所蔵）にもこの東側の河川は見られる。

税関の前身である「兵庫運上所」は1868年1月の兵庫港開港とともに開設され、1869年2月に「神戸運上所」と改められた。全国の運上所が税関として名称を統一することになり、1873年1月に「神戸税関」と改称した。

神戸税関初代庁舎は石造2階建の海に向かった建築として、同年12月に完成した。2代目庁舎は現在地に1927年に「帝国の大玄関番たる税関として決して恥ずかしからぬ近代式大庁舎」として竣工した（図1-5）。

現在目にする3代目庁舎は、築70年の老朽化と阪神・淡路大震災による損傷を受けて1996年4月に改築に着工し、1999年3月に落成した。市民の要望を考慮して旧庁舎が部分的に保存されたため、2代目庁舎と正面外観はほぼ変わらない。

図 1-5　神戸税関２代目庁舎（1945 年）

†居留地の下水道布設とコレラの流行

神戸の居留地では、排水を海へ流下させるための下水道が布設されたことも特徴的だ。ハートにより設計・施工された国産の煉瓦を用いた円形下水渠《きよ》は当初、雨水と家庭雑排水を排除するために設けられ、横浜と同時期の1872年に建設された。約90mが現存し、いまも雨水管渠として機能している。1993年に公開展示が完成したが、阪神・淡路大震災で破損し、1998年に復旧工事が完成した（図1-6）。

現在の日本では、公衆衛生の観点から、雨水の素早い排水や、し尿の衛生処理のための下水施設が整備されている。しかし、中近世の日本社会では都市の食糧を確保するための近郊農業が発展し、し尿は農作物の肥料に用いられてきた。近代になると、都市部への人口集中と農地減少や化学肥料の普及等の影響で、大雨による住宅の浸水や汚水の溜まりから衛生環境が悪化し、伝染病の流行が見られるようになった。

神戸では、居留地の下水道整備から5年後の1877年に、コレラ感染者を含んだ西南戦争の従軍兵士が兵庫港に上陸したことをきっかけに、全市で初めてコレラが大流行した。その原因として不衛生な井戸水の使用があり、繰り返すコレラ流行を契機に衛生観念が高

図 1-6　旧・居留地下水渠

まり、水道布設が求められた。こうして、居留地以外の神戸市街地でも１８９２年に雨水を速やかに流してまちを浸水から守るための下水道が完成した。

上水道も１８９７年に着工、生田川水系の布引谷川を水源とする水道施設として１９００年に布引貯水池（図１‐７）が竣工し、奥平野浄水場で通水式が行われた。続いて烏原《からすはら》貯水池堰堤《えんてい》等が建設され、１９０５年には水道創設工事が完成した。上水道の創設はコレラ患者を減らし、衛生環境を向上させた。

一方で、し尿を含む生活排水等の汚水を、雨水と別の管で集め処理する分流式下水道の整備は全国的に遅れ、神戸では第二次世界大戦後の１９５１年から始まった。

『神戸市伝染病史』（神戸市役所衛生課編、１９２５年）には「神戸市水道布設前後ニ於ケル消化器性伝染病患者発生比較」と題した表が掲載されている（図１‐８）。

１８８１年から１９２４年までのコレラ、腸チフス、赤痢の年別患者数が、人口１万人

図 1-7　1900 年に完成した布引貯水池

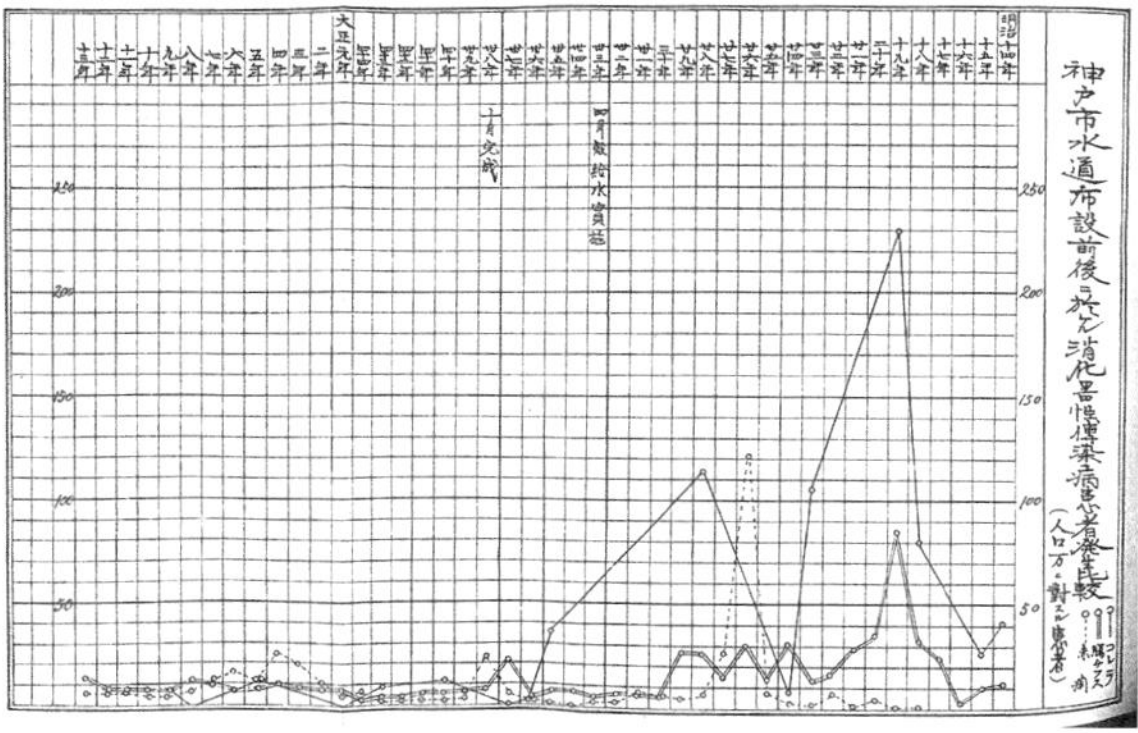

図 1-8　神戸市の水道整備と伝染病の相関

に対するデータとして示されている。1905（明治38）年10月に上水道が完成して、消化器性伝染病は流行しなくなったことが読み取れる。

†雑居地の形成

「雑居地」は神戸の外国人居留地の特徴だった。

神戸では、倒幕の影響もあって居留地の整備が遅れていた。そのため、兵庫開港と同時に来るイギリス、フランス、オランダの公使から、居留地以外の場所に日本人から土地家屋を借りて住むことができないか交渉があった。

政府はやむなく東西の生田川から宇治川との間にあった神戸、二ツ茶屋、走水《はしうど》、生田宮、中宮《なかみや》、城ヶ口《しろがくち》、北野、花熊、宇治野の9村における内外人の雑居を認めた。土地を貸借して家屋を建築する場合は地税を納め、居住の村々も費用を負担することと決まり、1868年3月に各国領事に通達された。居留地が完成しても居留地の狭隘《きょうあい》を理由に雑居は禁止できず、雑居地に暮らす外国人は増え続けた。

雑居地の土地の貸与は規則も制定されずに始まり、借地料や年限の設定方法は一様ではなかった。紛議が多かったために、解決策として雑居地すべてを官地として県が買上げることになったが、すぐに取り消され、1871年1月以降は雑居地永代借が禁止された。

1876年4月に地家貸渡規則を制定し、貸渡期限は15年以内とし、その貸借は地所掛《がかり》と領事の承認を擁することとし、約定書一通ごとに登録手数料を徴収する方法となった。その後、部分改正はあったが、1899年に改正条約が実施されるまで存続した。

港を見渡せる山麓に残る北野異人館街、居留地の西隣に立地する中華街の南京町も、この雑居地のなかに生まれていった。南京町は、開港で欧米人とともに日本にやってきた華僑が集まり暮らすようになった場所だ。彼らは通訳や貿易業務を補佐したが、日清間には通商条約がなく居留地内に住めなかったという背景もあった。

5　神戸市域の成立と拡張

1889年4月、市町村制の施行によって「神戸市」が成立した。神戸区に葺合村、荒田村を合併して誕生した神戸市域は、現在の中央区と兵庫区の一部にあたる約21㎢に過ぎなかった。小さな兵庫津と神戸港の後背地として生まれた神戸市は、明治・大正・昭和期に周辺町村の合併による度重なる市域拡張と、昭和40年代以降の大規模な海上都市の建設によって、５５７・０２㎢にまで拡大した（図１－９）。

市域拡張について、順を追って見てみよう。

１８９６年４月、１８８９年市域の西側に隣接する湊村、池田村、林田村を合併した。次いで、１９２０年４月に須磨町、１９２９年４月に六甲村、西灘村、西郷町、１９４１年７月に垂水町を合併。

現在のエリアに置き換えると、中央区と兵庫区の南部に、兵庫区北部と長田区、須磨区、灘区を加えて計１１５・０５㎢となった動きが、明治期から第二次世界大戦時までの市域拡張といえる。

１９４５年８月終戦時点の市域は六甲山地の南側に限られ、大都市のなかで最小だった。当時は、１９２２年に「六大都市」と位置づけられた東京市・京都市・大阪市・横浜市・神戸市・名古屋市から、１９４３年に東京都制によって東京市が抜けて「五大都市」とされていた。これには一般市にない権限があり、１９５６年に改正地方自治法によって成立する指定都市制度の元になった。

戦後の神戸市は１９４７年３月に有馬町、山田村、有野村、神出《かんで》村、伊川谷《いかわだに》村、櫨谷《はせたに》村、

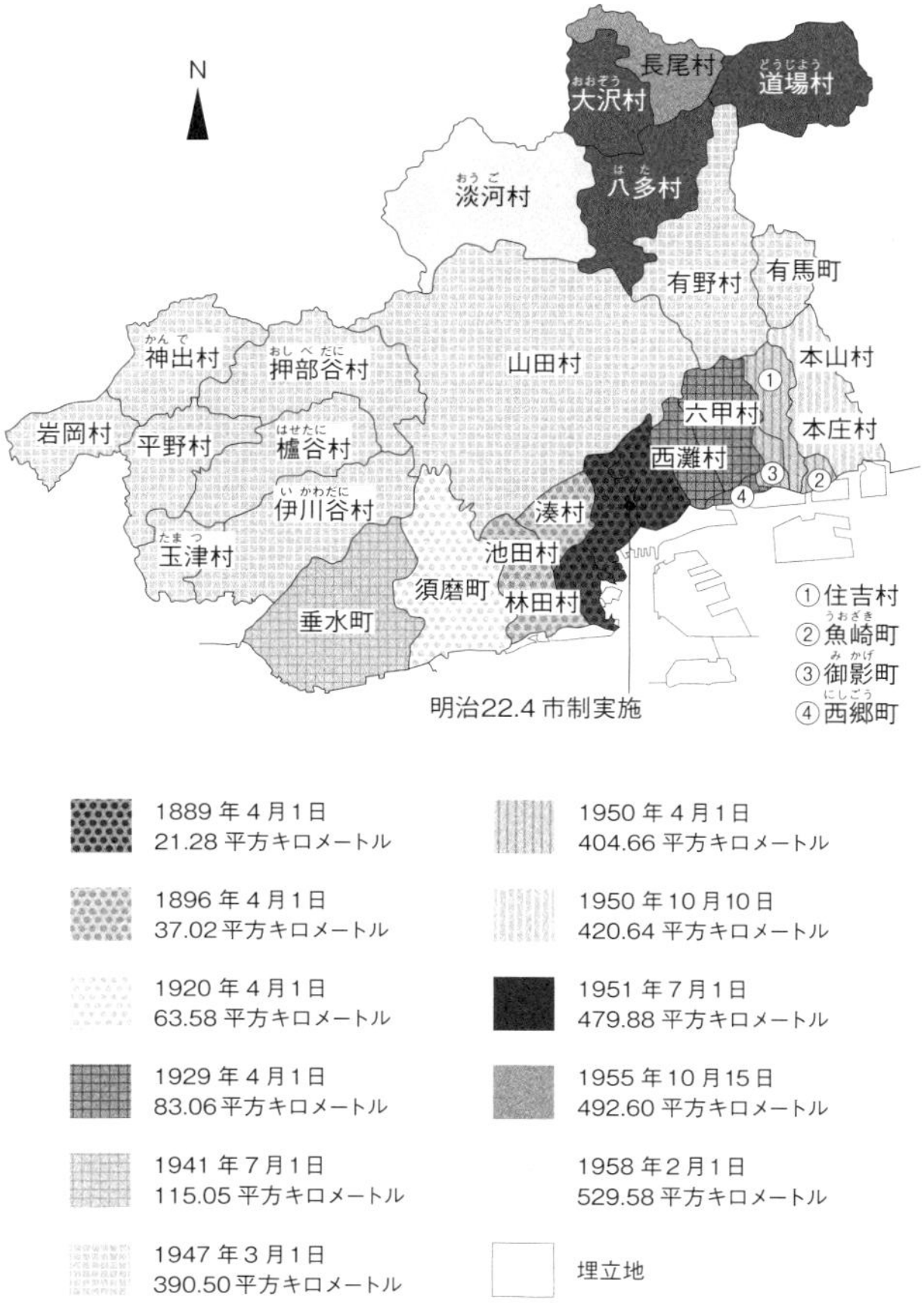

図 1-9　神戸市域の変遷図

押部谷村《おしべだに》、玉津村、平野村、岩岡村を合併した。これは北部3カ町村と西部7カ村の大規模な編入であり、従前の市域面積を超える農村を擁するようになった。

この合併が、戦後の神戸市にとって食糧の確保や食糧増産対策の推進に効果を発揮したことは明らかだった。戦後の港都復興・発展のためにも、市の東西部と六甲山を中心とする北部の町村を合併する市域拡大が求められた。

1947年3月には『神戸市公報　十ヶ町村合併記念号』の小冊子が発行された。合併の画期的な意義を市民に伝えるために、「従来の公文式《こうぶんしき》」ではない形態で届けようとしたという。

そこには、二十数年にわたる歴代市長の悲願であった隣接町村の神戸市編入を記念して、合併の経過や各町村の紹介に加えて、多数の関係者の論考が掲載された。神戸市長代理助役、占領軍ピーター・W・スコット中佐、神戸市復興局長、兵庫県知事、前神戸市長、市会議長、神戸商工会議所会頭、復興局整地部長等がそれぞれの考えを綴っている。

特に、同年2月28日に公職追放によって市長を辞任したばかりの中井一夫前市長は、「日本再建のため合併は進む」と題して熱い想いを綴った。

戦後わずか1年半の間に、復興に向けた特別市制運動や復興本部の設置、港の拡張、道

図 1-10　神戸市域に合併する北部 3 カ町村と西部 7 カ村のイメージ図

路・鉄道の整備などによって復興の道筋を示し、神戸市外国語大学の設立を実現した中井市長のもっとも偉大な業績は、この10カ町村合併だった。その末筆には、市公報とは思えない情熱がほとばしる。

> 私は日本を最愛し、神戸市を熱愛するが故に、たとえ私が再度公職につかず、又市政に関与することが出来ずとも、一国民一市民として国のため市のために命のある限りは特市神戸の実現と、大港都建設の完成のために、一層の努力を続ける決心である。

この紙面で紹介された10カ町村が描かれた挿画（図1－10）を見てみると、それぞれの地で収穫される農作物である栗、松茸、米、柿、芋、大根、煙草等や牛が描かれている。各町村の農作物や観光資源やアクティビティを描いた横には、観光、スキーキャンプ、牧畜、保健住宅地、山岳公園、ハイキング、水利計画、公園といった看板が立てられている。

当時の地域の特徴を示すとともに、これからどのような場所にしていくのかを市民にイメージさせる役割を果たしたと考えられる。

1950年4月には御影町、魚崎町、住吉村、10月に本山村、本庄村、1951年7月に道場《どうじょう》村、八多《はた》村、大沢《おおぞう》村、1955年10月に長尾村、1958年2月に淡河《おうご》村を合併し、神戸市域は計529・58㎢に達した。市制施行から戦前戦後を通じて28町村と合併し、当初の約25倍もの面積となってからも、南部に瀬戸内海、北部に六甲山地の迫る市街地を、山間部を切り開き、海面を埋め立てて拡張してきた。

第2章

近代都市計画と水害の克服

開港を契機に生まれた近代神戸では、都市計画事業が始まっていく。しかし、各所で市街地形成が進むなか、大きな危機に晒《さら》される。開港から70年後の1938年に阪神大水害、そしてその復興に取り組む最中には神戸大空襲に襲われた。戦後になっても水害との戦いは続く。

終戦時までの神戸の市街地は、六甲山麓と大阪湾に挟まれ東西に広がっていた。中小河川による扇状地、海岸低地が続く神戸特有の地形は、自然災害、特に河川との上手なつきあいを求められた。

本章では、近代神戸の市街地における河川改修とまちづくり、度重なる水害からの復興について見てみよう。

1　地形とのつきあい方――河川改修の必要性

神戸港の開港と、これに面して生田川と鯉川とに挟まれた旧外国人居留地の造成によって、神戸の都市計画は始まった。しかし、現在の旧居留地周辺に河川は見られない。表六甲河川地域と位置づけられている神戸のまちには、かつて多数の河川が流れていて、氾濫で発生する水害との闘いを続けてきた。

古くは六甲山系の花崗岩が風雨に削られ、土砂として川に運ばれて海岸に三角州や岬、入り江が生まれた。ところが、扇状地で安全に暮らすためには、六甲山系南斜面から市街地を通って大阪湾に流れる多数の河川に、気象に関わらず穏やかでいてもらわなくてはならない。

そのために、水害の発生を防ごうと、市内の至るところで長年にわたり河川改修による付け替えや暗渠化工事が行われた。現在では、神戸の市街地を流れる20水系54河川は、その約2割が地下河川になっている。

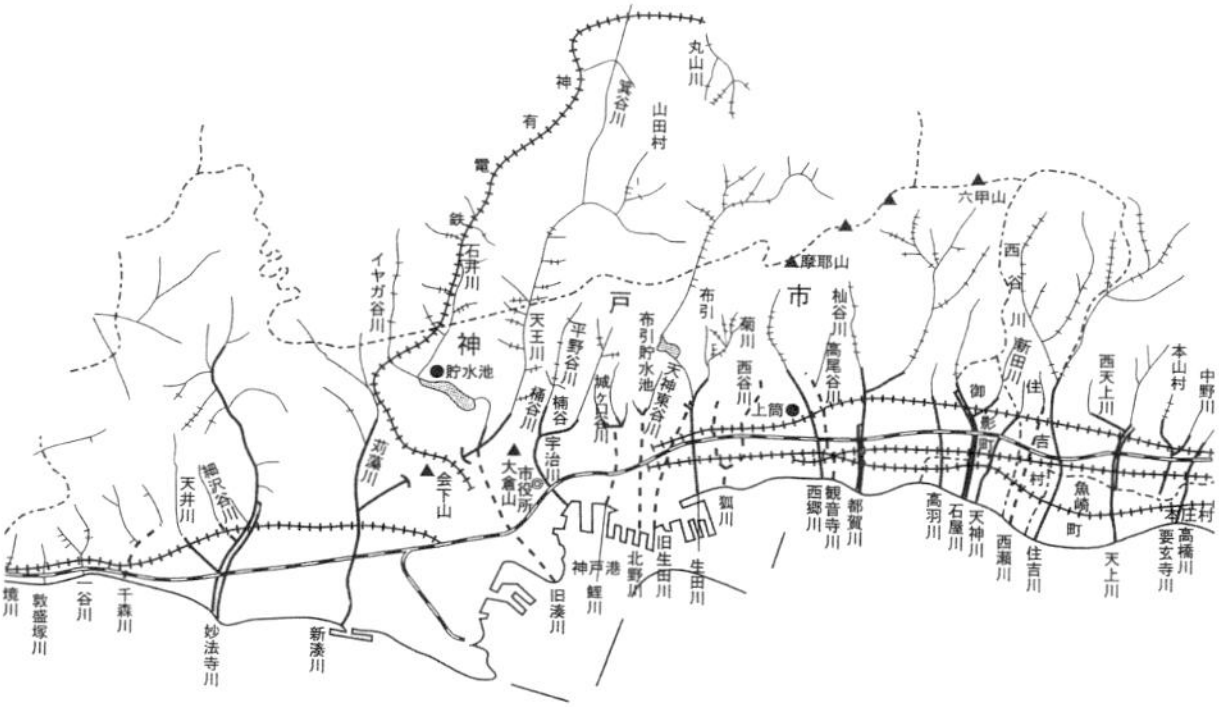

図 2-1　表六甲の河川位置図

歴史的には、河川流域には経済や文化の交流が蓄積されて文化圏が生まれるものだ。そうして発展した都市は日本各地にあるが、神戸の場合には当てはまらない。

その違いは、河川舟運《しゅううん》が可能か否かにあるのではないか。山と海が極端に近い神戸の地形では、河川は急勾配で川幅が狭く、土砂の堆積によって水深も浅くなる。これによって、流れる河川を中心にした文化醸成は叶わず、エリア境界として流路が機能している。

現在の神戸市では、各区に代表的な河川がある。さらに、土地利用を優先して暗渠化したり、付け替えたりして、いまは地上から見えない多くの河川跡は、そのまちの道路の名称や行政区域の境として残っている（図2－1）。

なかでも、神戸のまちを知るうえで欠かせないのは、生田川の付け替えによって生まれたフラワーロード、旧湊川の付け替えによって生まれた新開地本通りだろう。

✝生田川の付け替えとフラワーロード

神戸の中心軸、三宮の鉄道駅と市役所や神戸税関とを繋ぐフラワーロードは、明治初期までは生田川の流路だった（図2-2）。旧生田川は布引川《ぬのびきがわ》と苧川《おがわ》が合流し、川底が周辺より高い位置にあった天井川で、三宮と新神戸の間あたりでは川幅が109m（約60間）もあった。

居留地が生田川の西側に設けられたことで、氾濫による水害を防ぐ必要が生じた。堤防の修築よりも河川の付け替えが効果的と判断され、1871年に当時の菟原《うばら》郡熊内村字馬淵から脇浜村地先字小野浜海岸まで、最短距離で流れるように流路を変更する工事が行われた（図2-3）。

あわせて翌1872年には、旧生田川の跡地の一部が民間に払い下げられた。外国人居留地の隣接地にあたらない中道以北を、加納宗七《そうしち》とその娘婿の有本明《あきら》が落札した。

江戸・明治期に活動した商人である加納は、小野浜に港湾を築造し、中央区加納町とし

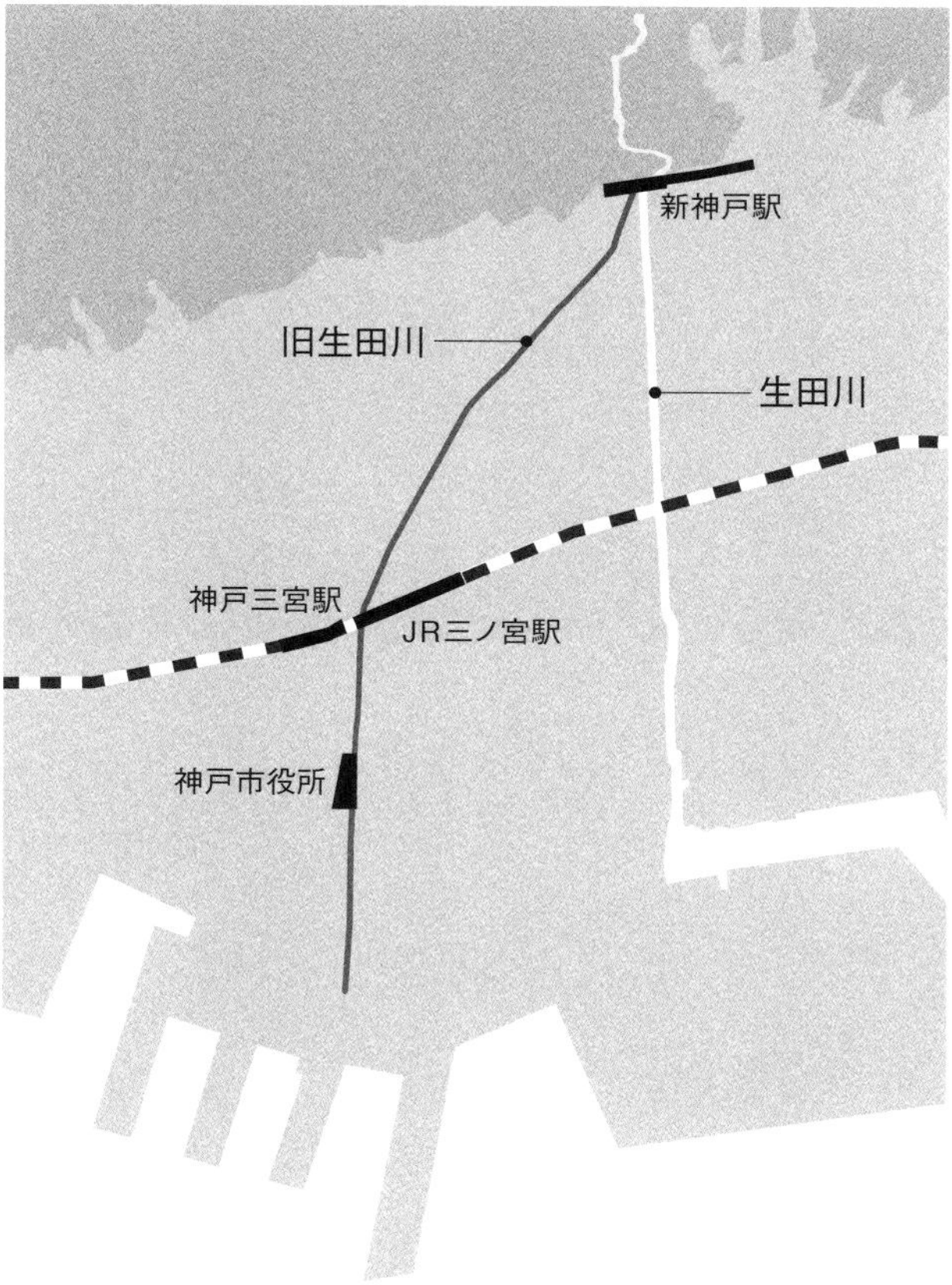

図 2-2　流路を付け替えた生田川と旧生田川

図 2-3　生田川付替工事

てその名を残した。旧河川敷を平坦化する工事を行い、土地の中央に約18m（10間）の広幅員道路を建設して、周辺を宅地に造成した。
そして、中道以南は一部を税関用地とし、残りの地を兵庫県下の秩禄奉還を申し出た士族（還禄士族）に払い下げた。こうして現在のフラワーロードである旧生田川跡の道路が生まれた。そして、付け替え完了後の1875年に、旧居留地の東側に外国人居留遊園（現東遊園地）が開園する。
なお、1873年に実施された秩禄奉還では、華族・士族に与えていた家禄と維新の功労者に支給していた賞典禄（あわせて秩禄という）を一部前払いする代わりに今後廃止することが定められた。

1876年8月5日の太政官布告108号により金禄公債証書発行条例が公布され、希望の有無を問わず、すべての士族の秩禄が廃止された。この秩禄処分では、5〜14年間分に相当する金禄公債証書が交付された。

この歴史と旧生田川跡地の払い下げとは、まさに時期を同じくしている。近代黎明《れいめい》期に徴兵制（1873年）などによって士族が特権を失うなかで、旧士族を帰商（仕官をやめて、商業に従事すること、また、商売を再びはじめること）させるために官有地を低価格で払い下げた政策と言えるだろう。

国立公文書館所蔵の簿冊『太政類典草稿・第一編・慶応三年〜明治四年・第六十一巻・外国交際・開港市二』は、1867年から1871年にかけての横浜・兵庫開港と大坂開市に関する決め事の記録である。

これには「兵庫県下生田川支流ヲ穿《うが》チ外国人居留地ヲ広クセントス」という文書が含まれ、1870年時点で政府が旧生田川の支流を東南方向へ造成するよう明言し、1871年2月の兵庫県指令があったことが読みとれる。兵庫県が主導した工事に加納らも協力して実現した明治の大事業だった。

†湊川の付け替えと新開地本通り

兵庫津と神戸との境目を流れていた湊川の付け替えもまた、近代神戸と河川との関係をあらわしている。旧生田川と旧湊川の付け替えはともに、新たな市街地と、現在に繋がる貴重な都市部の公園を生み出した。

神戸市北区から兵庫区を流れる新湊川水系の二級河川・湊川は、旧生田川と同じく天井川で、天王谷川《てんのうだに》と石井川の合流点付近から現在の湊川公園を経て、新開地方面へと流れていた。川底は平地より6mも高く、しばしば氾濫するだけでなく、流出土砂によって神戸港が埋没すること、東西交通を妨げることから付け替えが求められた。

1896年の暴風による大水害を契機に、翌年に地元の有志が湊川改修会社を設立して、合流点下流の菊水橋付近から南西に新たな湊川の流路を掘り、西側の苅藻川に合流させる付け替え工事が始まった。

1901年8月に、東から西へ会下山《えげやま》を湊川が貫通するトンネルとして、湊川隧道《ずいどう》（会下山トンネル）が完成した（図2-4）。これは日本初の河川トンネルであるとともに、近代神戸の発展を象徴する社会基盤施設だった。幅7・3m、全長670mのトンネル断面

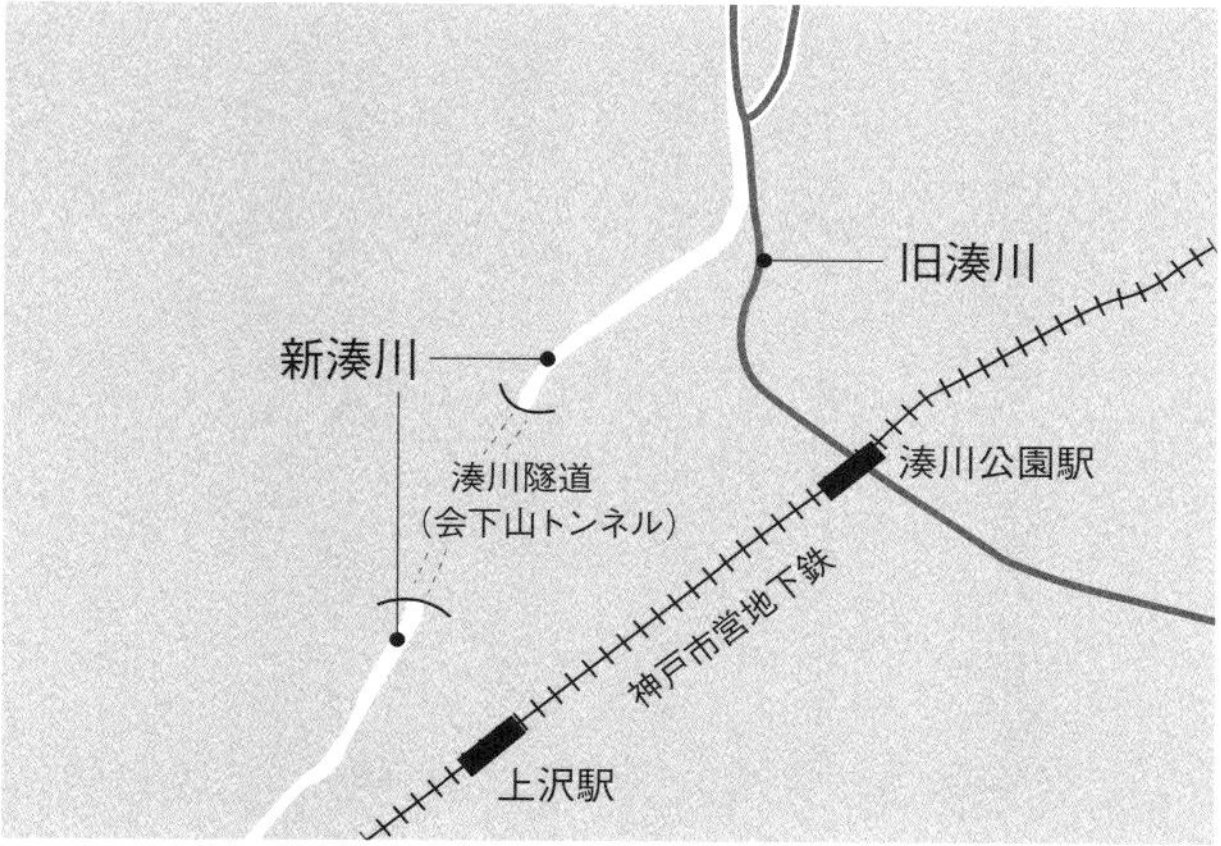

図 2-4　流路を付け替えた湊川と新湊川

図 2-5　築造直後の湊川隧道の下流側坑門

は馬蹄型、内部は煉瓦積みで、インバート部は煉瓦の上に御影石が敷き詰められた。側壁は煉瓦の長手と小口を交互に積み上げたイギリス積み、アーチ部分は長手積みで造られ、明治時代の建設技術を伝えている（図2－5）。

この新湊川の完成によって、旧湊川の河川堤防が削られ、湊川新開地という新たなまちが生まれた。旧流路上に造成された湊川公園は1911年に開園し、1924年に公園内の南側に高さ90mの神戸タワーが完成。1928年には公園地下に神戸電鉄が乗り入れ、公園の南に位置する新開地本通りは、昭和初期には映画館や芝居小屋の集まる神戸一の繁華街として栄えていった。

2　近代都市計画事業によるまちづくり・みちづくり

神戸港開港によって居留地が整備された神戸では、明治の3大事業として兵庫運河の開削、水道布設、湊川改修が行われた。このほか、生田川の付け替え、兵庫新川運河の開削などの大規模な工事が行われ、拡大する市街地の道路整備や市街地発展の基礎となった耕地整理事業も進められていった。

近世日本の交通網は和船と街道に支えられていたが、近代に入ると汽船と鉄道へと移行した。近代の陸上交通では、主に鉄道が兵員・物資輸送を担った。鉄道整備は1880年代より始まり、1889年に神戸と新橋との間に東海道線が全通。明治末期には全国的な鉄道幹線網が形成されていった。

一方で、全国的には道路政策の多くが進まず、第二次世界大戦後に本格的な道路整備が始まった。

終戦までの主な動きを見てみよう。1876年に日本の道路は「国道」「県道」「里道」の3種類に分けられ、さらに国道は一等、二等、三等の「等級」に分けられた。1885年に国道の等級は廃止されて44路線と認定され、幅員7間(12・7m)と定められた。

当時はすべての国道が東京の日本橋を起点にしていて、その区間は、1号(日本橋〜横浜港、現在は東京都中央区〜大阪市北区)、2号(日本橋〜大坂港、現在は大阪市北区〜北九州市門司区)、3号(日本橋〜神戸港、現在は北九州市門司区〜鹿児島市)のように定められていた。

1919年に道路法が制定され、明治期の道路路線を廃して、新たな大正国道64路線が定められた。翌年には「第一次道路改良計画」が策定されたが、関東大震災に伴う財政緊縮で頓挫、1934年に「第二次道路改良計画」が実施されるも、不況と戦時体制への突入から進めることができなかった。

†旧都市計画法による神戸の都市計画

神戸市では、1920年に旧都市計画法が六大都市に適用されてから、本格的な近代都市計画が始まった。

1922年4月に、当時の市域約64㎢と周辺9ヵ町村（須磨町、西灘村、西郷《にしごう》町、六甲村、御影町、住吉村、魚崎町、本山村、本庄村）をあわせた約134㎢を神戸都市計画区域として認可公告した（図1‐9参照）。これによって、行政区域を越えた都市計画区域が設定され、市長が事業執行することになった。あわせて防火地区、1924年には商業・工業・住居の用途地域を指定して、戦前神戸の都市計画が描かれていった。

「神戸都市計画地域図」（口絵2）を見ると、神戸市域よりも東側に位置した、現在の東灘区までが都市計画区域に入っていることがわかる。

赤い線は「商業地域にして道路の両側における建築線に接する建築敷地を指定するも

の」とある。1920年の調査をもとに作成された参考現況図ではよりランダムに形成された商業的建築物を、東西南北の道路を軸線に集約しようと計画していた。

続いて、街路計画として、1927年3月に都市計画全区域内に103路線、総延長13万8943mの計画を立てた。1919年から調査検討を続けてきた同計画では、山手・中央・浜手の三大幹線と、これを補完する東西線、そしてこれらを南北に結ぶ補助幹線が示され、これは戦後に実現する都市計画道路網に引き継がれた。

全国的には、この時期の道路政策は財政難で実現しなかったとされる。一方、神戸市では大正期から昭和初期にかけて実施した都市計画事業が、三期にわたる街路事業を中心に進められた。

†神戸における鉄道敷設と街路事業

遡ると、神戸市でもまずは、鉄道を中心にした交通網が整備されていった。

1874年に日本で2番目の官営鉄道が大阪―神戸間に開通し、神戸駅が開業した。1889年には新橋―神戸間が全線開通した。

神戸駅を建設するために住民の移転先となったのは、兵庫と神戸をつなぐ仲町一帯だった。区画工事が行われ、新市街地が形成された。

1888年には山陽鉄道株式会社が兵庫―姫路間を開通、1901年には下関まで全線開通し、1906年に国に買収されて現在の山陽本線となった。1905年に阪神電気鉄道株式会社による大阪―三宮間の開通、1920年に阪神急行電鉄による大阪―上筒井《かみつつい》間の開通など、大阪と神戸を結ぶ私鉄の交通網も発達していった。

市内を東西に貫く複数の鉄道は、自動車交通が増えるにつれて、踏切や事故による交通障害を招いた。これを解決するため、1918年に市会で国鉄の改良整理を求める決議が行われた。その方法は地下式か高架式かで議論され、安価で工期の短い高架式に決まった。

国鉄は1931年に高架化され(図2‐6、2‐7)、阪神電鉄は1933年に地下線、阪急電鉄は1936年に高架線で三宮への乗り入れ工事を完了した(図2‐8)。

市内電気鉄道については、13年にわたる市会への陳情を経て、神戸電気鉄道会社が1910年に春日野道―兵庫駅前間を開通した(図2‐9)。当初は栄町本線(春日野―兵庫)、布引《ぬのびき》線(滝道―熊内)、兵庫線(楠公前―西出町―柳原)、平野線(有馬道―平野)の4路線、電車は定員70人の単車だった。営業成績は上昇したが、民間による敷地買収には限界があり、敷設線路の延長は進まなかった。

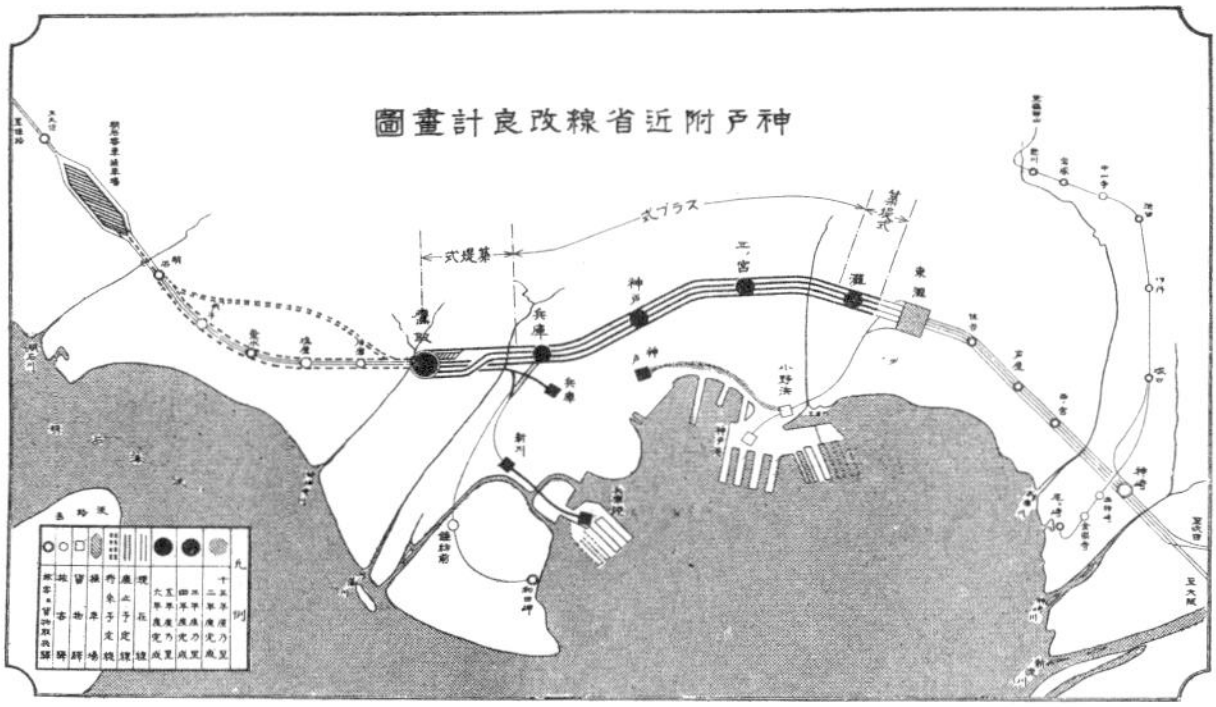

図 2-6　神戸附近省線改良計画図

図 2-7　三宮付近の鉄道高架基礎工事（1929 年）

図 2-8　阪急電鉄の高架乗入れと阪急会館の竣工

図 2-9　神戸電気鉄道最初の市街電車（1917 年）

そこで、神戸市は同社を買収する電鉄の市営化の方針を打ち出した。買収交渉は1916年から9カ月に及んだ。1917年8月に神戸市は電気局を新設し、神戸電気鉄道の市街地電車を市営として引き継いだ。単車から大型のボギー車に車両を変更し、乗車人員は市営化当時の1日平均10万人程度から、7年後には約24万人に倍増した。

市電の軌道敷設は、神戸市の都市計画街路事業と密接な関係にあった。第一期街路事業（1919〜1924）では、総延長約11kmにわたる道路工事と市電の軌道敷設を実現した。第二期事業（1924〜1927）と第三期事業（1928〜1938）でも、編入した須磨町への市電延長や、大阪と神戸港を陸路で結ぶ道路の整備が進められた。

やがて神戸市電は市内の全域を走るようになった。

†土地区画整理事業のはじまり

1897年には、「土地区画改良ニ係ル件」（明治30年法律第39号）が公布された。同法では、政府の許可を受けて市町村内の土地所有者の全部または一部が共同して土地改良を行い区画形状が変更されても、改良前後で土地の総価額を同額とすることが定められた。

神戸市内ではまず、地主による組合区画整理事業の原形ともいえる、新道開鑿《かいさく》事業が始まった。これには新道造成のみを行った初期の事業と、区画改良を併用した事業があった。最初期には三宮と神戸との間の山側、神戸と兵庫との間の山側、三宮東の浜側で実施された。続いて、旧生田川以東の葺合、兵庫と長田との間の広域な工区で、新道開鑿事業が進められた。

1899年に旧耕地整理法が制定され、神戸では1914年以降に、西部、北部、東部の西灘等で耕地整理事業が進められた。前述した「土地区画改良ニ係ル件」は1900年に「土地区画改良ニ係ル地価ノ件」と改称され、1909年に耕地整理法が全面改正されたことで廃止された。

1919年には旧都市計画法の制定によって、区画整理事業が位置づけられた。これを受けて1923年に市内で土地区画整理組合が結成され、1945年の終戦までに27組合が成立した。

戦前の市街地整備事業は外国人居留地にはじまる。次いで、その山側に雑居地と設定された神戸山手地区の道路の狭さから、1873年に南北道5線、東西道4線の造成が行われた。同時期には、神戸駅建設のために区画改良を行った兵庫仲町新道や、旧生田川と新生田川との間に位置する小野新道でも開鑿《かいさく》事業が行われている。

図2-10　生糸検査場屋上より臨港道路を望む三宮の市街地（1935年）

さらに、その東側と西側に継ぎ足すように広域な土地改良事業が展開された。神戸の市街地整備は、神戸開港や神戸駅開業といった近代化を契機に始まり、周辺町村の編入とともに東西へと広がっていった。

付け替えられた新旧生田川付近では、1898年から1907年に、旧生田川以東に広がる広い範囲を4工区に分けた葺合新道開鑿事業が実施された。さらに、1911年には耕地整理法によって葺合第5工区に耕地整理組合が認可され、明治期のうちに道路・街区が整えられた既成市街地となった（図2-10）。

しかし、昭和初期までに実現した都市計画事業は1938年の阪神大水害、1945年の第2次世界大戦の戦禍によって甚大な被害を受けた。その被害範囲は当時の市街地の6割に上り、それを超える面積に対して、戦災復興土地区画整理事業による再建を目指すことなる。

3　阪神大水害による被害と復興

神戸のまちで何度も起きた水害とその克服は、治水事業のあゆみでもあった。かつての六甲山は禿げ山と化すほどの荒廃で、山津波やがけ崩れ、洪水等がしばしば発生していた。明治開港によって人口が急速に増え、インフラ整備や宅地造成が進んだために、川幅を狭めたり暗渠化したりする工事が進められた。

市制施行後には第2代神戸市長・坪野平太郎（1859～1925）のもと、水源確保と災害防止を目的とした植林・堰堤《えんてい》工事等の六甲砂防事業が始まった。斜面改修、砂防ダム建設など防災工事も始まり、六甲山は緑を取り戻していったが、昭和期には三度の大きな水害が起きた。

†阪神大水害と河川流域の被害

前述した生田川や湊川の付け替えは明治期に行われたが、その後も市街化と都市計画事業は進んでいく。狭い神戸の市街地を効率よく利用するために、河川を暗渠化しようとする動きは旧居留地建設の頃からあった。

1932年には、交通・衛生対策や土地利用の観点から、都市計画事業によって生田川は鉄筋コンクリート製ボックス型の暗渠となり、地上部に遊歩道が整備された(図2-11)。この暗渠化は、川幅を10m以下、深さを5m以下へと縮小する工事だった。公園の乏しかった神戸に生まれた美しい風景は、絵葉書にも残っている(図2-12)。

しかし、1938年7月3日から5日にかけて、台風に刺激された梅雨前線が神戸市周辺に集中豪雨をもたらした。降雨量は3日間で約462㎜に達し、市内面積の26・4%、全市戸数の72%が被災する大きな被害を生んだ。これを阪神大水害という。

芦屋から須磨までのすべての河川が氾濫し、流木や岩塊を含む土石流が流れ込んだ市街地は泥の海と化した。水道、道路、鉄道は破壊され、電話は不通となった。なかでも、灘区の都賀川上流の暗渠や青谷川の氾濫による被害は激しく、旧湊東《そうとう》区の新湊川上流の石井川の氾濫による大規模な浸水と、山崩れや烏原下流堰堤の決壊も大きな被害を生んだ。

生田川もまた、土砂や大木、巨岩により暗渠の入口が塞がれたために土石流があふれ出

図 2-11　暗渠化された生田川と旧生田川の滝道を布引から望む

図 2-12　昭和初期の神戸生田川遊歩道

した。洪水がかつての流路に沿ってフラワーロードを流れ下り、三宮の鉄道駅前などに甚大な被害を及ぼした。7月11日には、高槻工兵隊が暗渠マンホールの一部掩蓋《えんがい》の爆破を決行した。爆破口から暗渠に濁流が導かれ、沿道住民から歓声が上がったという。

こうして、土地利用を目的に暗渠化された新生田川は、わずか6年でコンクリート製の開渠として復旧され、現在とほぼ近い形状になった。その後は生田川では大きな水害は発生していない。

†阪神大水害からの復旧・復興

当時の第8代神戸市長・勝田《かつた》銀次郎（1873〜1952）は水害直後に臨時水害応急措置部を設置し、復旧・復興に向けた国庫補助の獲得と工事国営化に向けて各省に対する陳情活動を展開した。

内務省の要求額8000万円に対し、大蔵省からは第一次査定額470万円と厳しい回答だった。勝田市長はこの陳情活動を「神戸進軍」と呼んで陣頭指揮をとり、神戸商工会議所をはじめ多くの市民が大蔵大臣に陳情電報を打ち、翌年3月に災害復興費総額6783万円の承認を得た。

阪神大水害での被災（口絵4）は、神戸市の都市計画に水害問題への対策を不可欠とさせた。勝田市長は神戸市復興委員会を設置し、神戸市復興に関する重要事項を調査審議させ、「神戸市百年の大計」の樹立に動いた。そして、この災害を契機に、六甲山系の砂防事業や表六甲の河川改修は国の直轄事業となった。

阪神大水害からの復興に際しては、神戸市復興委員会から市内の複数の河川沿いに幅100mの「遊歩園」を設ける構想が示された。これは兵庫県復興委員会の答申案には位置づけられなかったが、戦後に神戸市戦災復興土地区画整理事業に採り入れられて実現していった。

†湊川流域の氾濫と痕跡

1901年の付け替えで、会下山の湊川隧道を流れ、刈藻川に合流する新湊川が誕生した。新湊川は竣工してからも、雨が降ると六甲山の水と土砂を押し流し、溢れたり氾濫したりを繰り返した。

1938年7月の阪神大水害によって多数の犠牲者が出た。天王谷川沿いに整備された天王川公園の一角には1940年10月に水害復興記念碑（図2-13）、石井川との合流地

図 2-13（右）　天王川公園の水害復興記念碑
図 2-14（左）　雪御所公園の慰霊塔

点の雪御所《ゆきのごしょ》公園には1941年10月に慰霊塔（図2－14）が建立され、現在も残っている。

慰霊塔は、この大水害で亡くなられた方々を慰霊し、市内外からの救援活動に対して感謝の意を表している。今後長期にわたり治水・治山に力を入れ、このような災害を再び起こしてはならないという誓いを後世に伝えていくために、史跡地でもあり、特に被害が甚大であった石井川と天王谷川とが合流する場所に建てられた。

勝田市長は同年末に発行された『神戸市水害復興勤労奉仕記念』（神戸市教育部社会教育課編、1938年）の序文で、自然の力の再認識、人間の復興に向かう力の大きさの再発見を教訓として示し、次のように語った。

（略）濁流尚《な》お滔々《とうとう》として狂奔する所、早くも陸続として来援せられたる勤労奉仕団体各位が、水禍に喘《あえ》ぐ市民に対して以下に洋々たる希望と勇気とを与えたるか。追憶するだに感激の新たなるものありて存す。而《しか》してその捨身滅私の活動は実に神戸市復興の最大の原動力を為《な》すと共に、断じて行う所、人間の力、特に酬《むく》いらるることを求めざる清き大衆の力が、以下に大なる事業を成し遂げ得べきかを事実を以《もっ》て教えたり。

阪神大水害には、1333団体、55万8453人もの救援勤労奉仕団が助けに駆けつけた。市内では青年団、町会、一般団体、学校等が懸命に働き、加えて、兵庫県下、大阪府市の一般団体や消防組合、他府県市の各団体、そして宗教団体が埋没者の掘り出し、水道等の復旧、幹線道路の復旧、土砂の除去、罹災民への配給救護等に尽力した。前年である1937年に日中が開戦し、国家総動員法が施行された直後の同時期、相互扶助の精神が大いに発揮された。

たとえば、住吉川堤防が決壊して水道送水管が破壊された状況に、大阪市がいち早く救援を始めた。大阪、京都、尼崎、西宮、明石の各市からは給水船車も派遣され、断水に苦

図 2-15　市外から派遣された給水車に並ぶ市民

図 2-16　阪神大水害後に自力更生を掲げて働く女子青年団

しむ市民を助けた（図2‐15）。また、100日余にわたり、大阪、堺、布施等をはじめとした各市町村から勤労奉仕団が救援を続けた。市民も自力更生に向けて、「立てよ市民」の市長の告示に従って男女問わずシャベルを持って働いた（図2‐16）。

この記念誌は、各団体の活動写真と復旧した風景や挿画を載せ、その活動への謝意を端的に伝えている。編集を担った神戸市教育部社会教育課の奉仕団係は、救援日誌を付けていたという。神戸には、1995年のボランティア元年の半世紀以上も前から、罹災の窮状を近隣から助けられたことへの感謝が強く根づいていた。

†戦後の水害と都市小河川改修事業の創設

阪神大水害後に国の直轄事業となった河川改修は、戦争前後の混乱期には思うようには進まず、1951年からは兵庫県が事業を引き継ぐことになった。改修は、比較的流域の大きい河川から始まり、1970年までにほぼ完成したが、中小河川は未着手のものが多かった。

1961年6月24日〜27日にも集中豪雨が発生し、宅地造成現場や傾斜地での大きな被害が生じた。これは阪神大水害に次ぐ記録的な災害を引き起こし、1962年に施行され

図2-17（右） 1967年水害による宇治川周辺の被害
図2-18（左） 1967年水害による石井川上流の被害

た宅地造成等規制法制定のきっかけとなった。

1967年7月9日には、熱帯低気圧となった台風7号が西日本に停滞する梅雨前線を刺激し、西日本に集中豪雨をもたらした。総雨量は1938年の阪神大水害よりも少なかったが、時間あたりの雨量は大きく、市内各地で未改修の中小河川の氾濫が多数発生した（図2-17、2-18）。

ここからは都市河川の改修の必要性が顕在化し、国への要望によって1970年度に都市小河川改修費補助制度が創設された。これによって、従来河川改修の主体は国や県であったが、補助を受けて各市が二級河川の改修を実施できることとなった。

新湊川は1967年の水害後にも改修事業が行われたが、1995年の兵庫県南部地震では未改修の区間やトンネルに被害が生じた。そのため、原型復旧とともに、河積の拡大を図る新湊川トンネルを施工することとなり、2000年より供用されている。

湊川隧道の河川トンネルとしての役割は終わったが、兵庫県はこれを補修し、ほぼ全面的に保存している。2000年に会下山トンネル保存検討委員会が提言した、河川を付け替えるという当時の地域社会情勢と歴史的経緯、トンネル施工技術、土木構造物としての優れた意匠などが評価されたと言える。2001年にはボランティア組織「湊川隧道保存友の会」が結成され、一般公開やミニコンサートなどを開催し、その保存活用が進められ、2019年には国登録有形文化財として登録を受けた。

こうして阪神大水害、第二次世界大戦、さらには阪神・淡路大震災などの大災害に耐え抜いた湊川隧道は、神戸の近代土木遺産の象徴ともいえるだろう。

第2部

1945〜1995

図3-1　神戸タワーから東を眺めた中心市街地（1935年）

神戸は、戦争と災害の影響をきわめて大きく受けた都市だ。六甲山系以南の市街地は大正・昭和初期にかけて鉄道沿線の宅地化が進み、ところ狭しと住宅が建てられた（図3-1）。

西部の須磨町が編入された1920年、神戸市人口は60万人を超えて、阪神大水害後の1939年には100万人を突破した。しかし、伸びゆく国際港湾都市だった神戸は、第二次世界大戦末期に軍需工場と市街地への空襲によって焦土と化した。

戦後になると、焼け跡に闇市が生まれ、占領軍による都心の接収が行われ、市街地の場所性は著しく失われていく。そうしたなかで、戦災復興土地区画整理事業に力を入れた、戦後神戸市の長く続く都市整備が始まった。

第3章

戦時下神戸の市民生活と被災

戦時期の日本では、配給が滞る状況下で自給自足と都市部の農園化奨励が始まる。こうした状況は戦後にかけて約10年に及んだ。

戦後神戸のまちに目を向けると、1945年の大空襲によって市街地の6割以上が焼け野原と化しており、戦前との断絶の印象が強い。しかし、戦前から戦時下、そして戦後にも市民生活は続いた。

本章では、戦時下神戸の市民生活と神戸大空襲の被害について、神戸市が刊行した『神戸市民時報』と『神戸市公報』の記事を通覧し、戦前からの断絶と連続を見る。

1 防空啓発と市民の防空活動

戦時下神戸の地域の様子や市民生活を伝える資料は限られる。そして、戦時下の市民生活で用いられただろう印刷物の多くには、戦意高揚を煽《あお》る表現が見られる。政府や軍の思惑に影響されて、言論や表現の自由が奪われていく当時の状況があらわれている。

ある地域で起きた日々の出来事を調べようとするとき、地方紙の地域面は有効な情報源となる。しかし、戦時統制によって、その情報すらも事実から離れている可能性があった。当時のメディアを現在の目で読むとき、「防空」に象徴されるプロパガンダや検閲に注意を要する一方、戦中から戦後を通じて食糧供給や統制経済という暮らしの実態を伝える記事が多いことにも気づく。

ここでは特に、発行主体と情報との関係から、戦時下で隠蔽したり偽装したりする必要性がない、むしろ事実を伝えることが発信者である市役所や新聞社にとって有用だったと考えられる「市民生活」に光を当ててみたい。

†開戦と言論統制下の地方紙

明治以来、大日本帝国憲法では、信書の秘密や表現の自由を法律の範囲内と定めていて、民間を対象にした内務省等の検閲による取り締まりが行われていた。

新聞紙法（1909年公布）や出版法（1893年公布、1934年改正）等は納本と検閲とを義務化した法規制で、戦時体制のもとでは軍部の意向から検閲が厳しくなっていった。つまり、現在私たちが遺された戦時下の新聞や表現物を見るとき、そこに書かれたこと・書かれなかったことの意味を考える必要があるだろう。

1937年7月の日中開戦によって、政府が戦争の妨げとなる思想を弾圧し、報道規制や言論統制が進められた。

1938年には戦時統制のため国家総動員法が公布された。5月5日に施行された同法第一条では、国家総動員を、戦時に際し国防を目的に、国の全力を最も有効に発揮できるよう人的および物的資源を統制運用することと定義し、そのために必要と認められる事柄について、政府が広範な統制を行えるよう定めるものであった。

この時期には、さらなる激動のもとに国際関係の対立が深まっていく。1939年9月にドイツがポーランドに侵攻して第二次世界大戦が始まり、１９４１年12月には日本がアメリカ、イギリスなどの連合国との間に太平洋戦争を開戦した。

１９３９年当時、政府は全国に７６７０紙あった新聞のうち約５０００紙を整理しようとする。国家総動員法に基づき、１９４１年1月に新聞紙等掲載制限令が施行された。さらに、太平洋戦争開戦の直後には新聞事業令が発令され、戦後まで言論統制と新聞事業への全面的な統制が続いた。

全国の日刊地方紙の統合が進められ、兵庫県では、１９３９年6月30日の１９１３１号を最後に休刊していた『神戸又新《ゆうしん》日報』が、『神戸新聞』に統合された。地方紙の整理統合は１９４３年にも行われ、全国的には一県一紙のカルテルによって残された地方紙が守られ、経営を安定させる効果があったという。

†『神戸市公報』から『神戸市民時報』へ

戦時下の兵庫県では、唯一の地方紙として『神戸新聞』が生き残った。

一方で、誰が発した何の情報を知りたいかによって、他にも見るべきメディアはある。たとえば、神戸市役所が市民に向けて発信した機関紙『神戸市公報』『神戸市民時報』には、生活情報の記事が多数掲載された。

現在発行されている『神戸市公報』は、神戸市が条例・規則その他重要な事項を市民に公告する媒体である。1947年5月に地方自治法が施行される以前、地方公共団体は公報に条例や規則を登載して公布とみなし、それを掲示・回覧して市民に周知してきた。1921年4月5日に創刊した『神戸市公報』は、戦時下の1941年に姿を消す。

1940年末に内務省訓令によって町内会等を管制化して整備された隣保《りんぽ》組織は、市町村の下部組織と位置づけられた。

神戸市では「国民経済生活の地域的統制単位として統制経済の運用と国民生活の安定上必要なる機能を発揮する」ため、全市に町内会を発足させた。町内会・部落会は区域で分けられ、10戸以内を1隣保、3〜5隣保を1組とされた。それらの隣保組織の成立を踏まえて、市政機関紙も「公報」から「時報」へと変更されることになった。

市公報に替わって1941年8月11日に創刊した『神戸市民時報』(図3-2)は、1945年10月25日の184号まで発行された。同紙は号外や附録に公報を掲載したほか、戦時期の市民生活において、町内会隣保組織の回報としてプロパガンダを担った。いわば「隣保の新聞」としての機能があり、「戦時市民生活の刷新向上に重点を置き、市民の新聞

昭和十六年八月十一日　神戸市民時報　第一號　（一）

神戸市民時報

創刊に際して
神戸市長　勝田銀次郎

勝田市長

隣保回覧板

高天原の常會
町内會の遠い淵源は
偲ばれる神代の體制

常會の栞

回覧板

（1）	（6）
（2）	（7）
（3）	（8）
（4）	（9）
（5）	（10）

図 3-2 『神戸市民時報』創刊号

として愛読されていた」ことが特徴だった。

戦時下で4年余り発行された同紙には、戦時体制下に求められた防空と、食糧増産のどちらをも啓発する記事が多く見られた。当時の紙面には、「防空」に対する国家のプロパガンダが溢れた一方で、地方の生活に密着する配給や増産についての情報が混在していた。たとえば「配給欄」と題した記事は、1941年9月21日発行の第5号から1944年12月16日発行の第161号まで、断続的に102件見られた。このほかにも配給に言及した記事が37件見受けられ、『神戸市民時報』では配給が生活情報の中心を占めていたことがわかる。

「闇の物は買いません――配給物資だけで決戦生活へ」
現在の戦争に勝ち抜く為に、皆さんの日常生活上必要なものは最低限度公平に政府は計画配給をして、出来るだけ不自由をさせぬことにして努めて居られます。中には自由に物が入った頃の事が忘れられず、闇行為をして居られる人があるのは、本当に身の恥、国の恥に思われませんか？（後略）

（『神戸市民時報』第125号、1944年4月8日）

戦中から経済統制下に闇行為をする人があらわれ、兵庫県生活必需品質保持向上委員会が「親切な店十則」を定めたり、「闇の物は買いません」運動を実施したりしていた。

1944年4月には市経済局の事務分掌は農事と配給が中心となる。食糧増産部と物資配給部が設けられ、同紙には全体として市の担当機関が市民に指示・協力を依頼する記事も多く見られる。この紙面を通覧すると、当時の市政や市民生活の実情をもとにした情報発信であったことがわかる。

なお、『神戸市公報』は戦後1945年11月15日に復刊された。両紙はともに、市民に向けた「市政の報道機関紙」として生活情報を伝える記事や読みもの欄を設けていた。しかし、1951年4月10日に市弘報課による広報紙『市政だより』が創刊されて、市公報は戦前の公告媒体に戻った。

1951年度からは、『神戸市公報』と『市政だより』(図3－3)が併存して発行され、後者は1970年度から広報紙として名称を変え、現在も『広報紙KOBE』として発行されている。

第一号　昭和26年　市政だより　4月10日

弘報板

[…]様へのお知らせは弘報宣[…]車「こだま号」で放送し[…]市中を運行いたします[…]から、よくお聞きとり下さ[…]い。

市政だより

4月10日発行　第1号
毎月10日・25日発行
神戸市海岸通一丁目
発行所　神戸市役所
編集兼印刷発行人　原忠明
神戸市兵庫区西出町七七
印刷所　丸和出版印刷株式会社

4月23日　市會議員

4月30日　知事・縣會議員

選擧期日迫る

政治のよしあしはあなたの一票できまります

棄權するのは權利をすてることですから、選擧日には隣、近所さそつて投票所へ!!

よい人選んで
明るい街に!!

選挙当日旅行や、仕事の都合で投票出來ない人は前日までに投票が出來ます。

手続は各区、選挙管理委員会又は出張所の選挙係へ申出て下さい。手続はかんたんです。

字の書けない人は申し出ると代筆してくれます。

乳幼児の健康を保護増進するための

母親學級生る

各保健所では各区助産婦会と協力して、妊婦に妊娠、出産及び育児の保健衛生知識の普及を図るため、月二回

妊娠と性器、妊娠中の栄養、妊娠の衛生、自宅分娩のための準備、赤ちゃんの衣類、分娩と産褥期、乳児の哺育、乳児の入浴

の八科目を無料で授講しています。御希望の方は各保健所で詳しくお尋ね下さい。

さきに行われた日本一赤ちゃん集団コンクールの神戸市代表赤ちゃんが次のように決りました。

区名	氏名	区名	氏名	区名	氏名
灘	小島英明	葺合	六車光司	灘	田中誠一郎
葺合	宮崎正光	長田	谷孝	垂水	青木史郎
兵庫	上野隆平	灘	土山敏雄	兵庫	安達伝明
東灘	里村勝	長田	西川照子	兵庫	松原繁子
兵庫	岡田登志子	長田	柏木佳子	東灘	阿部純子
生田	森由美子	須磨	松村裕子	東灘	小柳裕子
東灘	安井純子	兵庫	幸友子		

コウちゃん　寺尾たけお

社會のために役立つ婦人となりましょう

法律や制度が変つて女子の社会的な進出が促されて婦人の地位が向上してきましたが、なお一層市民的意識や活動を盛り上げて近代的な市民として成長し、民主的な社会の発達のために婦人の自覚を促す

第三回　婦人週間

が十日から十六日まで開かれます。十三日には午后一時から商工会議所で婦人のための「市政を聴く會」が開かれます。解答者は市の首脳部の方々で、一般婦人の多数の出席をお待ちしています。

恐ろしい!!

交通事故を少くするために左図の場所で（━印）は自轉車に乘る人は下車して道路を横切ることになりました。交通道徳を守つて、事故のないようにして下さい。

（警察交通課）

図 3-3 『市政だより』創刊号

図3-4　都市の家庭に備えるため発行された『時局防空必携』

†『神戸市民時報』にみる防空のプロパガンダ

市公報と同じく月３回の発行を基本とした『神戸市民時報』は、戦時下で防空活動をはじめとした市民の戦争への備えを啓発する内容を掲載し続けた。

市民にとっての「防空」とは、１９３７年に制定された防空法第一条によると、陸海軍以外の者の行う灯火管制、消防、防毒、避難および救護、これらに必要な監視、通信および警報などを意味した。同法は１９４１年に改正され、防空の範囲には偽装、防火、防弾、応急復旧が追加された。この「防火」は、空襲時に逃げずに火を消すことを義務化した。７歳未満・70歳以上、妊婦、傷病者等はこれらの民防空に従事できない者と位置づけられ、疎開を推奨された。さらに、１９４３年の法改正では、分散疎開、非常用物資の配給、入市制限、防空施設整備のための土地家屋の強制収用なども追加された。

同紙に掲載された防空関連記事には、緊急避難の方法や訓練、待避所の整備に関する内容、建物の防火改修、防火資材・設備の整備、焼夷弾についての解説・対応方法への言及が多かった。なお、内務省防空局が改訂を重ねて発行した『時局防空必携』（図３－４）

には、警報時や消火活動において家庭が担うべき役割や行動例が示されていた。『神戸市民時報』もまた、同書の入手を推奨したり、内容を転載して解説したりした。市民生活情報における「防空」の比重は大きく、戦時下の生活では防空活動が日常化していった。

2　配給の滞りと食糧増産・農園化奨励

戦時下で啓発されたのは、防空だけではなかった。同時期には食糧危機も都市部を襲い、食糧の生産を担った農村から都市への流通では賄えないために、都市の空閑地を用いた菜園が奨励されていく。

1937年の日中開戦によって、戦争遂行のために物資の統制が始まった。戦時下の日本政府は重要資源を軍事物資に振り分けるため、物資動員計画を立て、さらに1939年には指定した物品に対して公定価格を定めた。

同年10月に公布された価格等統制令によって価格の停止が行われた価格停止品や、業者組合で協定して官庁の許可を得た協定価格品、政府の設定した公定価格品等が生まれ、翌年からは表示義務も課された。

また、1939年4月に閣議決定された「物資活用並に消費節約の基本方針」では、その方策の「一、物資活用並に消費節約運動の展開」として、「(三) 空閑地・荒蕪《こうぶ》地《ち》の活用」という項目が採り上げられた。そこでは、国家資源尊重の見地より空閑地を放置せず、生産的勤労奉仕によって活用を図ることが推奨された。

†『神戸市民時報』にみる空閑地利用菜園

戦時期に発行された『神戸市民時報』においては、空地を利用した菜園(図3-5)の奨励や野菜等の栽培方法を紹介する記事が多数掲載された。その数は1941年9月11日から1945年10月25日まで65件に及んだ。全号の約3割以上で菜園奨励の情報が見られ、継続的に発信されたことがわかる。

1941年末に神戸市産業部産業課のもとに神戸市空地利用協会を設立、栽培指導の技術員を設置して、本格的な空地利用が始まった。

回覧板によって事前に通知された空地利用の方法は、「一、空地の借入及貸付　二、栽

図 3-5　元町高架向かいの隣保菜園

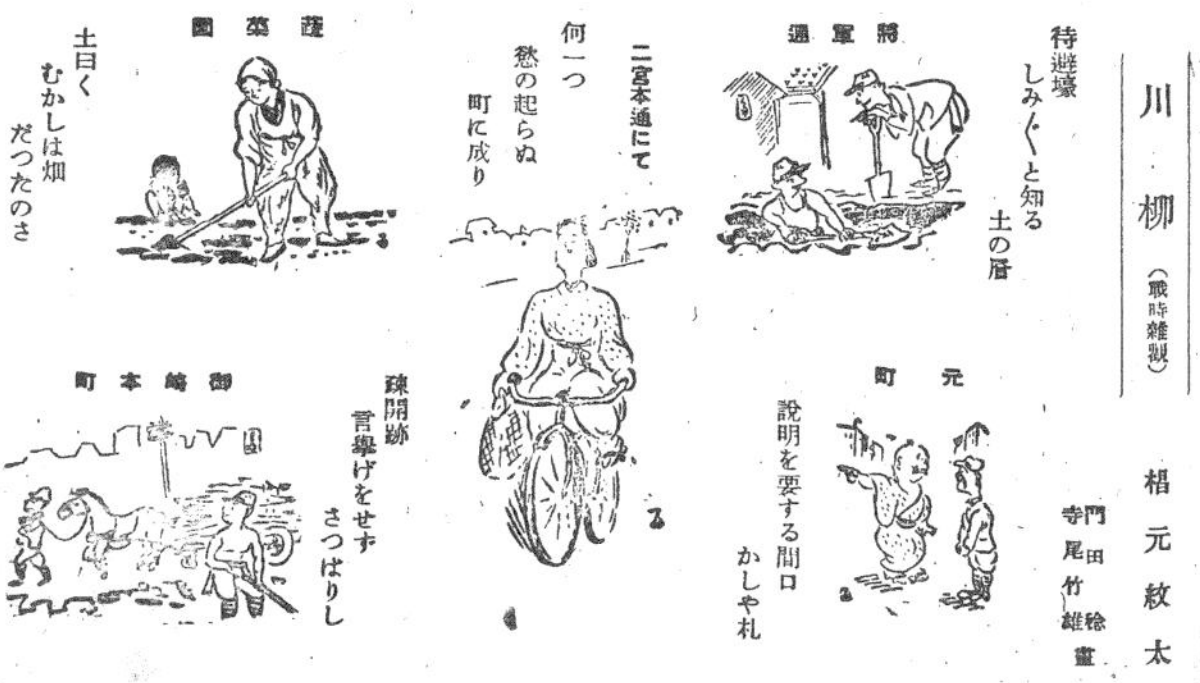

図 3-6　川柳と挿絵にみる蔬菜園

培の指導　三、農薬、肥料、農具等の配給、斡旋、貸付等」とされ、町内会・市民の協力が求められた。土地の買入・貸付のための空地利用申込書と栽培道具と資材配給のための報告書を、組長、町内会会長、町内連合会会長の順に上げることが定められた。

なお、東京府では先行して、1939年より補助金を交付し、実行団体を設立した空地利用運動に乗り出していた。

「一坪の空地」を菜園にすることもまた既定路線となり、1942年4月には園芸指導の方針と体制が決まっていく。指導員である産業課の技手と技手補の受持区域は東部（灘区、葺合区、神戸区、湊区）と西部（須磨区、林田区、兵庫区、湊東区）とに大別された。

また、各区には神戸市空地利用協会嘱託の指導員が2、3名置かれた。この取り組みは「一坪農園」「一鉢農園」「一坪菜園」とさまざまな呼称で紙面に現れたが、「神戸市役所処務規程」の表記から、正式名称は「空閑地利用菜園」と考えられる。市民からは「蔬菜《そさい》園」と呼ばれたようだ（図3－6）。

1944年8月にはますます食糧増産の緊急性が高まり、蔬菜類を栽培するために開墾、埋立て、干拓を行う会員5名以上の団体に対して、空地利用協会から開墾奨励金を交付するとの案内が掲載された。一方で、農家はその対象としない趣旨の注記もあったほか、同年5月には空地利用農園主としての工場会社等が農家と特約して栽培させたり、農家から人を雇ったりしないようにとの兵庫県からの指示も見られた。

ここからは、農家の生産量を保ったままで、1941年に始まった都市部の空地を開墾した隣保菜園・家庭菜園を少しでも増やそうとした、市農事課・空地利用協会の取り組みが見てとれる。これは、1945年2月4日から、神戸市域に対する無差別焼夷弾爆撃が始まるまで続いた。なお、1952年施行の農地法では、継続的に耕作する目的の土地を「農地」と称することが定められた。

†公有地の無断使用への注意

神戸市に啓発されて空閑地利用菜園が増える一方で、望まれない土地利用も現れてくる。1942年5月の「隣保の畠に道路を使うな」と題した記事では、隣保組織の設けた菜園が道路にまで展開されている状況を伝えて、注意が促された。その記事では市道路課から、天王谷川沿岸（①）、第一神港《しんこう》商業学校裏（②）、新湊川沿岸一帯（③）の3カ所が指摘を受けた（図3－7）。

天王谷川沿岸は1938年7月の阪神大水害による多数の犠牲者を出した地域である。

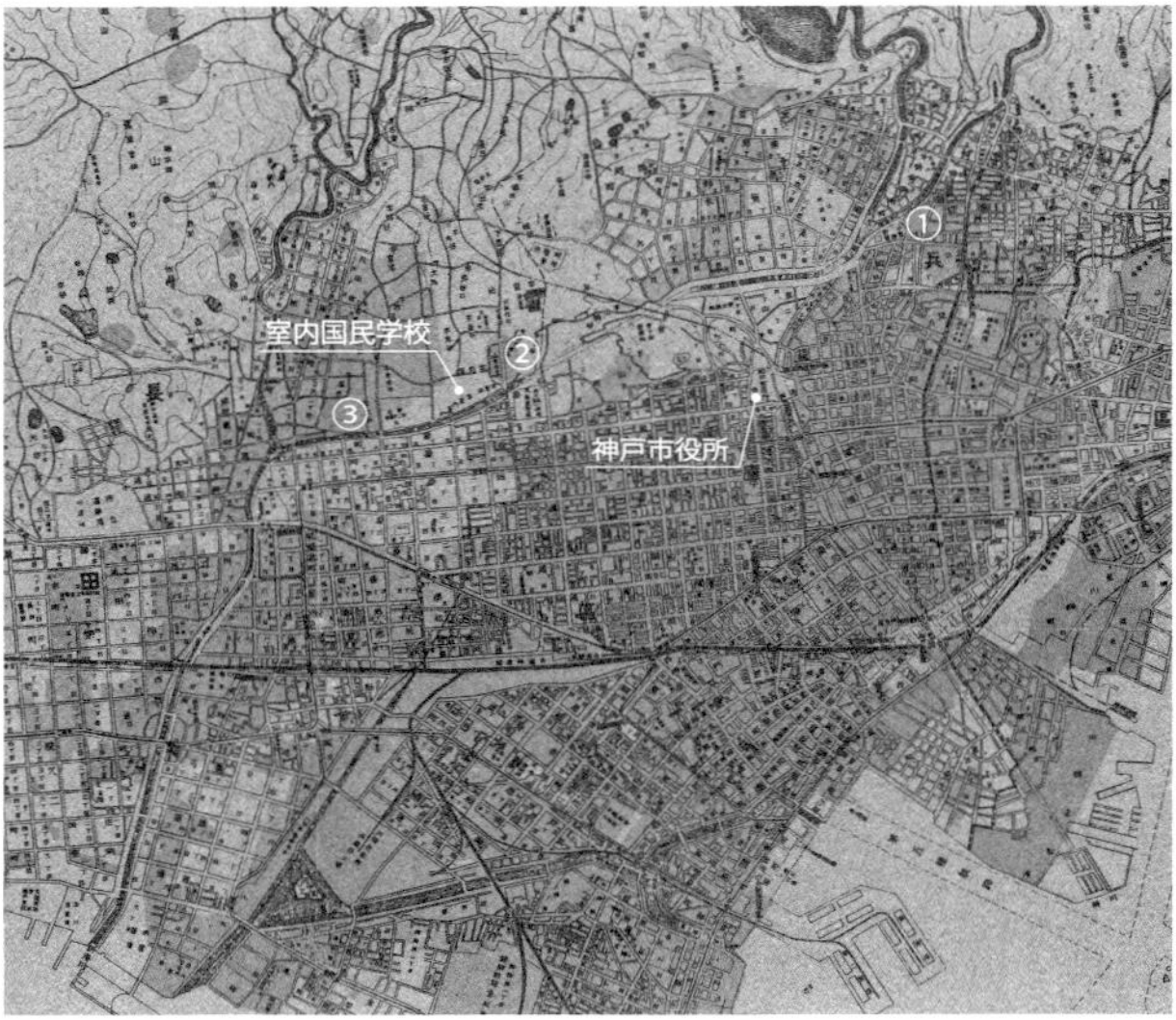

図 3-7　1942 年 5 月の河川沿い隣保菜園の立地

第2章で見たように、同河川沿いに整備された公園には水害復興記念碑と慰霊塔が残る。

　2カ所目の「第一神港商業学校」は神戸市立神港高等学校（2018年閉校）を指す。その所在地は兵庫区会下山町3丁目で、新湊川が会下山トンネルを抜けた先の左岸を指す。

　3カ所目の「新湊川沿岸一帯」は前述した2カ所を含む。ここからは、現在の長田区東部を流れる新湊川沿岸の水害復旧整備のために確保された河川沿い道路用地や建築敷地造成地区に、菜園が無断で造られた様子が目に浮かぶ。

なお、1945年4月時点の市物資局食糧増産部（農事課、作業課）は長田区前原町1丁目の室内《むろうち》国民学校（現・室内小学校）を拠点としており、これは新湊川の右岸に位置していた。この件に注意を促した道路課は東部の灘区に、空閑地利用菜園を奨励した農事課は新湊川沿岸に立地していた。つまり、市の農事事務は長田区や市域西部を中心に展開し、農事課は目前で展開していた道路用地の無断使用を咎めなかったのだろう。当時の農事と道路の目指すところの違いが、市民の活動への対応にも表れたと言えそうだ。

この注意から4カ月後にも、周知事項として、道路課長から道路上の土砂に対する注意が発された。全市の各家庭で待避所が造られた時期で、土間や床下を掘って出た土砂を処分せず街路に積んだまま放置している様子が散見されたという。そうした対応は、美観、交通、衛生の問題を引き起こすため、町内会等でまとめて迅速に処理するよう周知された。なお、同記事の見出しには、「道路上の土は速《すみや》かに処分を――溝の上の畠も取避けて下さい」と記され、道路・溝渠《こうきょ》上に一定の菜園が形成されていたことも推察できる。

†戦時下の戦災跡地利用と土地所有者の「協力」

1945年2月以降、空襲被害を受けた神戸の市街地には「災害地跡及疎開地跡」が広がっていく。そのなかで、食糧増産部農事課が戦災跡地を農園化することを明確に打ち出すのは同年4月だった。

土地所有者・権利者に対して、農園化に問題があれば4月22日までに所轄警察署に申告して立札を掲示するようにと期限を設けた。申告がない場合は「御承認を得たものと看做《みな》して農園として利用致しますから御了承願います」とされたが、同時期の都市疎開が進んでいた状況を鑑みると、申告に間に合わなかった対象者が多かったと察せられる。

このほか、町内会・隣保等や官庁・工場・会社等職域団体で共同耕作を希望する者への4月25日までの農園耕作希望申込みと、割当地の整理についての案内も発された。

整理に際しては、土地の境界、標識、焼木を含む立木、建物基礎等、台石、杭《くい》等を残すこと、金属類は回収し一定箇所に集積すること、「其の他後日各種の支障の起らぬ様措置」することへの注意が示された。また、「栽培すべき作物中南瓜、ヒマ等は完全整地を行わずとも壺播きで結構ですから之が実行を考えてください」という記述からは、抜本的な焼け跡の整地を行うよりも育てやすい南瓜を勧める姿勢が見てとれる。

同年5月、食糧増産部農事課は「急ごう　戦災地の農園」として、戦災跡地の整理と作物の種類の選び方、注意事項についてさらに詳細な解説を出した。戦災跡地は石、煉瓦のかけら、金物等種々雑多な物を退けて、既設の貯水池や貯水槽を利用した灌水用水溜め、便所跡を利用した屎尿溜を用意することから整地を始める必要がある。

土質が良いところでは「ふだん草、かきぢしゃ、三寸人参、西洋菠薐草《ほうれんそう》、葉葱《はねぎ》の菜類、蔓いんげん、ふぢ豆、茄子、トマト、胡瓜等の果菜類、甘薯」を栽培し、手不足等で充分整理のできないところは「南瓜、玉蜀黍《とうもろこし》、そば、ひま」を育てることが勧められた。

また、注意事項として次の6点が挙げられた。

①自家農園として使用する場合は所轄警察、それ以外は各区役所振興課に申し込む
②土地所有者による土地区域の溝及標柱等は必ず保存する
③土塊が固い時は雨上がりの時に充分に砕く
④作物の養分になる窒素が少ないため付近の腐った土や泥土を入れ下肥を充分に用いる
⑤コンクリート等で打破れない時は盛土で菜類は作れる

⑥小面積に区切って垣根等をめぐらし個人化せず町内会等で集団的に共同的に統制する登録や土地所有者標識の保存等に言及する一方で、良い農園を作る具体的な方法が解説され、土地には農園化のための徹底的な整地を施すことが求められた。「土地は焼土化されて割合状態はよい」という表現からは、宅地の農園化に迷いのない担当課の姿勢が窺える。なお、これ以降は終戦までに戦災跡地利用に詳しく踏み込む記事は見られない。

†戦後も続いた戦災跡地農園の終わり

次に現れる記事は終戦後、1945年10月5日の「焼跡の農園　耕作の自給自足」で、戦災跡地の農園化を進めて自給自足に邁進すること、農事課と空地利用協会の指導を受けられることが掲げられた。このように、食糧危機による増産の必要性と戦災跡地の用い方には、終戦による著しい変化はなかったと見ることができる。

1946年4月に撮影された米国戦略爆撃調査団によるカラー映像"PHYSICAL DAMAGE, KOBE, JAPAN"にも、野菜が植えられた空襲跡地や整地の様子が記録されている。同月29日の映像（図3-8）では、焼け跡となった神戸の市街地に、その利用が空閑地

図 3-8　1946 年 4 月 29 日、焼け跡の神戸と戦災跡地農園

か戦災跡地かの峻別は難しいものの、大小さまざまな農園とそれを手入れする人びとの姿が映されている。焼け跡を耕す整地作業を個人で進める姿も見られたが、その目的は、家屋再建とともに戦災跡地農園の整備であったのかもしれない。

戦後も「蔬菜立毛《たちげ》品評会」等の農園化奨励の取り組みが展開された一方で、1946年7月になっても深刻な食糧危機と遅配は続いた。『神戸市公報』の「農園」欄では「食糧危機打開の為　戦災地所有者にお願い」と題して、農村から種苗の供出を受けて市内戦災空地に町内会、隣保、国民学校等で野菜の植付けを行うため、戦災地の所有者に同年11月末まで5ヵ月間の協力を依頼する旨が周知された。この土地使用に問題がある所有者または権利者は7月4日までに兵庫県農務課または神戸市産業課に申し出るようにと記されていた。つまり、土地所有者の文句がなければ戦災地を農園に用いるという施策だった。

町内会の回覧板等で事前に通知があったと見られるが、都市疎開による不在地権者・権利者にその通知が届いたとは考えがたい。戦後、神戸の都心部に帰ってきた人びとに聞いた話では、焼け跡の不法占拠で家も敷地も判然としなくなっていたという。個人に土地を奪われるだけでなく、戦時から戦後にかけて行政主導で旧宅地が農園化されていた状況もまた、市民にとっては無許可同様だった。

これらは、戦時期に都市疎開や帰農を推奨されても、空襲が近づいていても、家を離れられなかったということの一因でもあっただろう。そして、戦後も状況は変わらず、むしろ戦災跡地にその施策が展開されていった動向は注目すべき点と言える。

なお、戦後も『神戸市公報』に定期的に掲載された「農園だより」や「空地利用便り」等の案内記事は、1947年5月の「農園だより　馬鈴薯の手入」(『神戸市公報』第49号、1947年5月15日)を最後に見られなくなる。同年8月には特別市制の実施によって食糧事情が悪化するという懸念を晴らそうと、神戸市と兵庫県の生産高と供出高が同紙面上で示された。

神戸市においては、戦後、1947年夏が農産物の食糧危機の山場だった。1947年3月の北部・西部隣接10カ町村合併と進駐軍払下げ物資によって、食糧の供給は一気に改善されていった。

3　戦争末期の都市疎開と神戸大空襲

１９４３年になると、全国的に空襲の脅威が高まった。同年９月に閣議決定した「現情勢下に於ける国政運営要綱」の国内防衛体制強化方策に基づき、政府は帝都と重要都市の防空強化を進めることとなった。１９４３年10月の防空法改正に続いて、11月には内務省直轄で防空総本部が設置され、12月には「都市疎開実施要綱」が閣議決定された。

†都市疎開のはじまり

「都市疎開実施要綱」によると、神戸市もまた阪神地域に属する重要都市として「疎開区域」に指定された。疎開区域は京浜地域（東京都区部、横浜市、川崎市）、阪神地域（大阪市、神戸市、尼崎市）、名古屋地域（名古屋市）、北九州地域（門司市、小倉市、戸畑市、若松市、八幡市）とされ、都市の人員や施設、建築物の疎開方針が示された。

同時期、情報局編『週報』1943年12月22日号には、20ページにも及ぶ「都市疎開問答」と題した記事が掲載され、政府が都市の防空強化のためには都市の疎開を急がなければならないことが伝えられた。

そこでは、国民が不安に思う、建築物の疎開や人・物の輸送の方法、移転先での就職や家屋、土地・家屋・家財等の管理、転学の方法について解説し、地方に疎開することは逃げるのではなく戦力増強に繫がると強調した。これは、空襲時に逃げてはならないと防火活動を位置づけた、1941年改正の防空法との矛盾を否定したかったのだろう。

こうした都市疎開の方針を受けて、1944年には空襲の心配のない農村地帯へ子どもたちを移動させる学童疎開が始まった。はじめは親戚や知人を頼った縁故疎開が推奨された。国民学校教育は義務制だったため、保護者が地方へ転住すると、移転先で就学することになった。

しかし、急激な戦局の悪化を受けて、1944年6月30日に「学童疎開促進要綱」が閣議決定され、防空上の必要から、3年生以上の国民学校初等科児童の疎開を促進することとされた。

神戸市では、兵庫県内政部長から神戸市への調査依頼をもとに、同年7月に神戸市学童集団疎開研究調査委員会が設置された。ここで集団疎開の基本的な考え方が示され、縁故疎開をできていない国民学校初等科の3〜6学年の児童たちは、地方のお寺や旅館などに学童集団疎開を行うことになった。

さらに、1945年3月9日に学童疎開強化要綱が閣議決定され、文部次官の通牒が発せられたため、神戸市では次の方針を採ることになった。

縁故疎開を勧奨されてきた初等科1・2年生も父兄の希望により集団疎開を可能とし、残留のやむなき児童は寺院、公会堂、集会所等で「躾訓練を主としたる教育」を行うことになった。一方で、3年生以上は残留の選択肢はなく、全員を集団疎開に参加させることになった。集団疎開先では、農耕作業、家畜の飼育、薪炭の生産等を行い、食糧・燃料その他生活必需物資の自給に資することが掲げられた。

1944年11月時点の神戸市の疎開学童は約60校から1万7312人であった。1945年3月に6年生を引き上げたことで約9600人に減少した集団疎開児童数は、7月には2万人を超えようとした。

疎開先の市町村数は兵庫県内の町村、近隣の岡山県、鳥取県の3県を通じて173町村、宿舎数は467件に及んだ。

†神戸市内の建物疎開事業

人員・施設・建築物の疎開のうち、建物疎開は、神戸市では1943年12月29日に始まった。神戸市の建物疎開事業は5次に及び（表3－1）、「神戸市疎開空地・焼失区域並戦災地図」（口絵3）からその分布がわかる。

同時期に情報局が発行した『週報』では、疎開空地帯の考え方として、河川や鉄道線路の利用に加えて、都市の重要部には広い幅員の疎開空地帯を設けて防空区画を構成し、被害の拡大を防ぐように示された。特に、①工場等の重要施設周辺、②交通混雑する駅前等、③防火防空の小空地を要する密集家屋地区、の3種類で、既存の建築物を計画的に除却したり、疎開させたりして疎開空地が生み出された。

結果的に、神戸市内でも重要施設とみなされた工場や建築物の周りでは、県知事による疎開空地の指定や防空法による除却命令が出された。多くの木造家屋が引き倒され、防火帯を作る作業が進められた。

事業決定区分	実施年月	実施戸数
第1次	1943年12月	7459戸
第2次	1944年 7月	2990戸
第3次	1945年 1月	3005戸
第4次	1945年 3月	8411戸
第5次	1945年4～5月	364戸

表3-1　神戸市の建物疎開事業

神戸の疎開は兵庫県の定めた「都市疎開勧奨ノ指針」に基づいて実施された。建築物の疎開は、人員疎開と異なり防空法による強制力があった一方で、除却建物は県が買収・除却し、土地は所有者の選択に応じて県が買収か賃借して、移転費や補償費が支給された。さらに防空法の改正によって、疎開区域の全面にわたる建築規制も行われるようになった。

こうした疎開事業のために、戦時下神戸では約2万2000戸の建物が失われた。これは全国的に見ても、東京都区部の約20万4000戸、大阪市の約7万2000戸、名古屋市の約2万9000戸に次ぐ4番目の多さだった。第1次事業実施後の1944年3月末には、『神戸市民時報号外』に「神戸市の疎開は今の処日本一と県の警察部長さんが仰せられて居る」として、「神戸市民の忠誠心」を称えて疎開を促す記事が掲載された。

神戸の建物疎開を語る記録は限られる。市街地の6割を焼失した神戸大空襲はよく知られているが、事業の時期に重なる戦災が著しかったことや補償があったことにも起因するのか、実態を振り返る声はほとんど見られない。

1921年生まれで大正期から三宮の南東で育った小林正信は、著書『あれこれと三宮』で自宅近くの「疎開家屋の引き倒し」を次のように語った。

昭和十九年には、軍は、大昔の江戸の防火に習って、重要建物の隣接木造建築物を強制的に取り壊すことを始めた。そごう南隣に在った久井堂のせんべい屋も、そごう地下三階に女子挺身隊の工場があるため、強制的に軍隊によって取り壊された。この三階建のビルは、その数年前、私の生家の酒店をだまし取りにして立ち退かせ、建てたものであった。三階建の店が、何本ものロープで引き倒されるのを見ながら悪名高い強欲婆さんも、人に恨みを受ける所業の果てかと、私は感無量であった。

（『あれこれと三宮』三宮ブックス、1986年、96頁）

これによると、三ノ宮駅南の旧そごう百貨店（現・神戸阪急）は、地下3階に女子挺身隊の工場があるため重要建物とみなされ、軍隊が隣接する建物を取り壊したという。兵庫県による「神戸市疎開空地・焼失区域並戦災図」を見ると、そごうの周りでは第2次や第5次の建物疎開事業が実施されており、1945年3月17日と6月5日の空襲を重ねて受けたと推察される。

戦災と同時に「都市防空」を掲げて取り壊された家屋が多かったことも、戦争に暮らしを奪われた神戸市民の経験として忘れてはならない。

†神戸大空襲の被害状況

神戸市内の戦災区域図を見ると、当時の神戸市域および御影町・住吉村・魚崎町・本庄村・本山村（現在の東灘区）において、1945年2月4日、3月17日、5月11日、6月5日の空襲によって罹災した範囲の大きさ、甚大な被害が明らかである。

日本軍の真珠湾攻撃から4カ月後の1942年4月18日に、アメリカ軍による最初の日本本土への空襲「ドゥリットル空襲」があった。アメリカ軍のB－25爆撃機が来襲し、東京、川崎、名古屋などを爆撃、神戸市内では兵庫区中央市場付近の数カ所に爆弾が投下された。

1944年11月1日、アメリカ陸軍航空隊のB－29がマリアナ基地（サイパン島、グアム島、テニアン島）から日本本土の上空に飛来、12月15日には阪神間の上空にも出現し、戦略爆撃による本土空襲が本格化していった。1944年11月下旬から1945年3月上旬には、B－29による航空機工場への精密爆撃や、実験的焼夷弾攻撃、夜間単機攻撃、心理作戦が実施された。

1945年2月4日には、初めての神戸市域に対する無差別焼夷弾爆撃が行われた。3

月中旬から6月15日までは、都市工業地域に対する夜間および昼間の焼夷弾攻撃が行われた。3月中旬から8月15日には、当時の五大都市であった東京、名古屋、横浜、神戸、大阪に大量焼夷弾爆撃が実施され、17日以降は中小都市も対象になっていった。

神戸は3月17日と6月5日に攻撃対象となり大きな被害を受けた。また、現在の東灘区の町村や芦屋市、西宮市などの阪神間市街地に対する地域爆撃も続いた。

同時期には、川崎航空機（現・川崎重工業）や川西航空機（現・新明和工業）などを精密目標とした昼間編隊爆撃も行われ、5月11日には本庄村の川西航空機深江製作所が通常爆弾による攻撃を受けた。また、5月3日から神戸沖への機雷投下が始まり、7月24日には川崎車両、三菱重工業、神戸製鋼所、国有鉄道工場に模擬原爆が投下された。

神戸空襲による現在の市域の被害は罹災者総数約53万人、死者7524人、重軽傷者1万6948人、被災戸数14万2586戸となっているが、この数字は確定したものでなく、実際の被害はこれを上回ったことは推測するに難くない。

第4章

闇市の発生と展開

1945年8月15日の敗戦で空襲の恐怖は消えた。戦後神戸の市民生活は焼け跡に始まった。都市疎開で離れ離れに暮らした家族が都市部に戻ろうとしても、市内には圧倒的に建物が足りなかった（図4-1、口絵5）。改善に時間を要した住宅難を差し置いて、鉄道駅前にはあっという間に食料や生活物資を売る賑わいの場ができた。戦時中から続いていた配給制度や公定価格を守らない「闇市」は、戦後1カ月ほどで生まれ、急激に規模を拡大していった。

なかでも現在のJR三ノ宮駅から南西に広がった「三宮自由市場」は、その規模の大きさが全国的に知られるまでになった。地方行政や連合国占領軍の取締りとさまざまな営業主体が折衝しながら、移転したり定着したりして、新たな商業集積を形づくっていった。

図 4-1　そごう神戸店と現 JR 三ノ宮駅が焼け跡に残る

1　走り出したそれぞれの「復興」

都市空間を土地・建物の総体とみるとき、それらを空襲する／される主体、接収する／される主体、用いる／用いられる主体、建設する／妨げる主体など、さまざまな対立が普遍的に生じる。戦後都市空間では、多様な主体の利害関係の輻輳《ふくそう》を具現化するように、そうした対立が随所に現れた。

神戸の闇市は、焼け跡や疎開空地、街路・広場等の公共空間を過渡的に用いた露天営業の集積だった。立売りや屋台の青空市場が広がり、街路を埋めるようなバラックの連鎖市場へと形態を変えていった。そこでは、さまざまな営業者が集まることで秩序が失われたり、治安が悪化したりした。

戦後の住宅難と都会地転入抑制

民衆による生活再建は、中心市街地がほぼ焼き尽くされた3月と6月の空襲後、終戦を待たず各々に始められた。

終戦から2ヵ月半後に神戸市復興本部が設置されて「戦災地復興計画基本方針」が閣議決定されたが、これに始まる戦災復興土地区画整理事業は、戦災者の復興速度に後れをとった。すでに姿を現していた復興建築は、後に街路拡幅整備のために立ち退きを迫られ、生活再建と復興都市整備とが争う例も多かった。

戦時下の1937年に建築資材の統制が始まっていた。戦後、1945年12月に統制は廃止され、新興階級の消費によって成長した映画館や料理屋などの新築や復興が急速に進んだ。

しかしその一方で、空襲で失われた住宅の供給は改善されず、1946年5月には臨時建築制限令が施行され、不要不急の消費娯楽的建築物が制限されるようになった。同令の改正によって違反建築の取締りは厳しくなったが、戦後インフレーションによる建築資材の高騰の影響もあって、１９４６年夏になっても住宅建設は不十分だった。

さらに、戦後の都市部には、除隊兵士、海外引揚者、徴用解除者、軍需工場の閉鎖による失業者等のさまざまな人びとが生きる手立てを探して流れ込み、人口が急増した。都市部の極端な過密による、食糧、住宅事情、治安の問題などを鑑みて人口対策が図られ、１９４６年３月に都会地転入抑制緊急措置令（１９４６年３月９日勅令第１２６号）が公布・施行された。

同令では、東京都の特別区の存する区域と全国24市で、１９４７年12月まで転入が制限された。同令の改正・廃止で成立した都会地転入抑制法（法律第２２１号、１９４７年12月22日）は、24市から13市に指定都市を減らし、１９４８年１月から12月31日まで効力を発した。

この転入制限は、連合国最高司令官の要求に基づいていた。その時期に過密傾向があって、都会地として食糧・住宅の不足が著しかった都市が示され、神戸市はこのすべてに該当した。

ところで、第３章で述べた１９４３年12月の「都市疎開実施要綱」の指定した疎開区域と、戦後に転入を制限された都市は一致していない（表４－１）。

根拠法令	実施期間	対象区域
都市疎開実施要綱	1943年12月 〜 1945年8月	東京都区部、横浜市、川崎市、大阪市、神戸市、尼崎市、名古屋市、門司市、小倉市、戸畑市、若松市、八幡市
都会地転入抑制緊急措置令	1946年3月 〜 1947年12月	函館、東京都の区の存する区域、京都市、大阪市、堺市、布施市、横浜市、川崎市、横須賀市、神戸市、尼崎市、長崎市、佐世保市、名古屋市、豊橋市、静岡市、岐阜市、仙台市、富山市、広島市、呉市、下関市、和歌山市、福岡市、八幡市
都会地転入抑制法	1948年1月 〜 1948年12月	東京都の特別区の存する区域、横浜市、川崎市、横須賀市、京都市、大阪市、堺市、布施市、神戸市、尼崎市、和歌山市、下関市、福岡市、八幡市

表4-1　疎開区域と転入が抑制された都市

疎開区域ではなかったが、転入制限の対象区域として追加された都市も多い。1946年に制限対象とされた都市が、1948年から対象外となる例もあった。つまり、戦後の転入制限の理由はそれぞれの都市で異なっていた。

空襲被害の大きさによって明らかに住宅が不足した都市もあれば、連合国占領軍の拠点が置かれたり、外国・外地から帰還する引揚者が多かったりしたことから、住宅供給が不足した都市も見られる。

神戸市は1943年末から5年間にわたり、都市の人員を抑える対象となり続けた。空襲によって住宅を失った市民が多かったことに加えて、復興状況や資材不足とは別の事情のために、疎開先から市内に帰れない世帯も多かった。

†戦時下・戦後の移動と帰れない人びと

２０１８年１月に、デザイン・クリエイティブセンター神戸で神戸スタディーズ＃６「〝ＫＯＢＥ〟を語る――ＧＨＱと神戸のまち」という企画を開催した（図４‐２）。

ここでは、神戸出身・在住の戦争体験者にご協力いただき、戦時下から終戦、そして戦後・占領期の神戸における、①住まいや学校の思い出、②生産／消費、③〝進駐軍〟をテーマとして公開ヒアリングを行った。

戦争体験者の終戦時の年齢は、18歳、16歳、15歳、11歳、9歳、7歳、5歳と幅があった。この年齢や性別の違いは、戦時下の学徒動員や縁故疎開の経験と、戦後の神戸にいつ帰って来られたかにも影響して、さまざまな目線の体験談は盛り上がりを見せた。

図４-２　神戸スタディーズ＃６冊子の表紙

このヒアリングのなかで、戦時下から終戦にかけてどのような移動をしたのか、経験を語ってもらった。その一部を見てみよう。

Ｔさん（終戦時18歳、男性）は、学徒動員で神戸から尼崎の工場に通っていたが、空襲時は防空壕に入っただけで、住まいは移らず神戸に住み続けた。Uさん（16歳、女性）は、空襲に遭って北区に縁故疎開して翌年に三宮に戻ってきた。Yさん（11歳、女性）は、千葉市に縁故疎開して、三宮に戻ってきたときには住まいのあった場所が占領軍のキャンプに変わっていた。

Mさん（7歳、男性）は、疎開先からなかなか神戸に帰れなかったことを、こう振り返った。

母方の縁故疎開で多可《たか》郡に1年、それから父方の縁者がおった播州赤穂で2年、あわせて3年かな、神戸を離れてましたね。戦後にやっと神戸に帰れるかとなったけど、都会地転入抑制の政令が出ていた。空襲を激しく受けていた比較的大きい都市には衣食住が足りないからすぐに帰ってはいけない、できるだけ疎開地に残っておれということで。神戸に戻るまではちょっと時間がかかりました。西からは国鉄の須磨駅で降りて、兵庫区の住まいにするところへ帰ってきたんです。（略）中央市場のところの兵庫区の中之島に仮住まいしたあと、大丸前の三宮町3丁目に、父の会社で、勤め先の建物に部屋を作ってもらったので引っ越しました。

Mさんが神戸に帰ってきた1948年5月は、都会地転入抑制法が施行されていた期間だった。しかし、「国民生活を再興するため当該地域内において必須の業務に従事する者」と扶養親族で、転入先の市町村長または区長が承認した場合は転入が認められた。この条文の運用が、政令から法律に切り替わった際に緩和されていたために、1948年になると帰ってこられたのだろう。

†不作と配給統制の混迷による闇取引の発生

戦時下から戦後まもない神戸においては、食糧難が最重要課題となった。

1945年の秋は「未曾有の不作」と振り返られるように、戦時中の農村の労力不足、肥料不足、台風の被害などの悪条件が重なって、配給の遅配・欠配が全国的に多かった。その影響で、都会地でも自給自足を求められて、戦時下から引き続き戦災跡地の農園化が進められた。

しかし、敗戦によって大きく変わった点がある。統制経済を破ることも厭《いと》わない風潮が社会全体に蔓延して、あらゆる人びとが食糧集めに奔走しはじめたことだ。神戸市では、当時の中井一夫市長が飢えに起因する暴動を防ぐために統制に反しても食糧を集めよと中央卸売市場長と次長を九州へ出発させ、芋の仕入れを行ったという、象徴的な逸話が残る。

戦時下で施行された国家総動員法は、総力戦遂行のために国家のすべての人的・物的資源を政府が統制運用できる旨を規定した。労働問題一般、物資統制、金融・資本統制、カルテル、価格一般、言論出版が統制の対象とされ、勅令で具体的内容が定められた。

1939年9月18日に発布された価格等統制令（1939年勅令第703号）は、価格据え置きによって値上げを禁止し、公定価格制が実施されることになった。この勅令による制度として、統制経済における公定価格や配給制度が戦後にかけて続く。

また、1942年2月21日には食糧管理法（1942年法律第40号）が制定され、「主要な食糧である米穀及び麦」の需給と価格の安定のために、地方食糧営団を設立して配給等の食糧管理制度が実施された。そして、こうした物価統制や食糧管理に違反する「闇取引」が生まれ、その摘発を目的とした経済警察も発足した。

戦後も統制経済は続いたが、配給統制が徹底されなくなり、物資は闇ルートへと流れるようになった。

終戦直後は都市生活者の多くが衣食住の窮乏に苦しみ、配給も遅欠配を防ぐのに精一杯だった。このため、1945年11月20日には生産食料品の配給統制規則が全廃された。しかし、生産地の状況も輸送事情も回復途上にあったため、極端な品不足となり、生鮮食料品の価格は暴騰した。

その結果、再統制を意図する物価統制令（1946年勅令第118号）が1946年3月に公布・施行された。この目的は深刻なインフレ対策として、物価や社会経済秩序を安定させることであった。

しかし、もとをただせば生鮮食料品の統制全廃や食料調達の寛容さなどがインフレを助長した。前述した聞き取りでは、戦後も食糧が手に入りにくく生活は苦しかったが、むしろ都会には物資を売る人びとが集まる場所ができたため、戦中とは違って買いにさえ行ければ高くても手に入ったという声も聞かれた。

戦後の食糧難は、戦時体制下に実施された統制経済の継続や、撤廃と再統制といった政策的混迷と相俟って、戦後神戸という都会地の人びとを自力の食糧調達へと走らせた。

そして、こうした統制違反の闇物資の売買が大っぴらに行われた店舗群だった「闇市」は、取締りとせめぎあって、流動的に取扱品目・規模・範囲を変えていった。

2　焼け跡の神戸に生まれた闇市

空襲によって家をなくした罹災者は焼け残った鉄道の高架橋下部空間や駅、地下道に身を寄せて雨露を凌いだ。縁故疎開のように、頼る親類や知人がいれば地方に避難したが、拠りどころなく焼け跡の神戸で生きるための策を講じなければならない人びともいた。徴用解除となった元軍属船員の台湾人も住居がなく、JR元町駅から三ノ宮駅間の高架下に集まっていた。戦後、台湾に帰る船舶も、衣食住や戦災給与金もなかった彼らは、生きるために五円饅頭を売り始めた。これを伝えた1945年9月17日の『神戸新聞』記事が、神戸における闇市の初報道だった。

戦後まもない三宮では「日本一」と称された大きな闇市が生まれた。これを舞台に多様な営業者による衝突が生じ、それに対処する取締りや施策が講じられ、せめぎあい、新たな商業集積へと展開していった。

図 4-3　GHQ の撮影した初期の三宮自由市場

†神戸の闇市と戦前三宮の場所性

　神戸三宮の高架下から始まった闇市「三宮自由市場」は、全国に知られるまでに規模を拡大した（図4－3）。

　とはいえ、神戸市内ではこれ以外にも多数の闇市が生まれた。当時の調査では、三宮自由市場、神戸駅付近、新開地自由市場、湊川復興市場、長田神社筋、大正筋、六間道《ろっけんみち》、飛松町、須磨駅前、垂水神田町、阪急西灘駅付近、阪急六甲駅付近、JR六甲駅付近、都《と》賀《が》東、阪神御影駅付近、森の16カ所が示された。

　闇市としての営業期間は短く、それ

ぞれの詳細は明らかではないが、当時の主要な鉄道駅前と戦前からの商店街や市場付近に生まれた闇市が多かった。

闇市は、戦後も続いた物価統制を守らなかったり、食糧管理ルートに違反したりする物資の売買が行われる空間だった。その成立条件には、物資を運んで来やすい交通至便な立地や、比較的自由に用いやすい空閑地があること、買い物に来る人びとが暮らす住宅地が周辺にあることなどが挙げられる。

では、神戸市内で三宮に最も大きな闇市ができた理由は何だったのだろうか。

当時の三宮は、現在のような中心市街地ではなかった。戦前、そごう神戸店の南側には、新旧生田川の間764mにわたる小野中道《おのなかみち》商店街があった（図4－4、4－5）。明治末期に形成され、付近と生田川東方の住民や工場労働者が顧客だった。毎晩日没から午後11時まで、雑貨や飲食店や古本等の「夜店」が店舗の前に出され、まさに庶民の娯楽の町として賑わった。これは、戦前の三宮では唯一の商店街だったが、戦時下の金属類回収令で鈴蘭灯が供出され、建物疎開によって多くの店舗を失い、神戸大空襲で全焼してしまった。

第一部で述べたように、近代の開港に始まり鉄道整備や都市計画によって、神戸の市街化は進んでいった。

図 4-4　そごう神戸店の開店（1933 年）と小野中道商店街

図 4-5　小野中道商店街の鈴蘭灯（1935 年 12 月）

昭和初期の三宮に鉄道3線が乗り入れた影響は大きかった。1933年に阪神電車は三宮駅開通に伴って7階建ての阪神ビルを建設し、三宮初の百貨店「そごう神戸店」として開業した。続く阪神元町駅の開通時には、元町阪神会館も開業した。また、阪神急行電鉄も1936年に高架乗入れで三宮駅を開業した際に5階建ての神戸阪急ビルを建て、西側高架下にも劇場・映画館を整備した。

こうして、昭和初期の三宮は交通結節点となり、百貨店や娯楽施設を擁する地になった。他所から人が集まる三宮の場所性は、戦後の闇市に引き継がれる。

†大闇市「三宮自由市場」の生成と変容

戦前、神戸市民の考える「盛り場」とは、娯楽施設を備えた都市空間だった。映画館や劇場、寄席、飲食店が集積した新開地本通りの興行街を誰もが懐かしみ、焼け跡からの復興が期待されていた。戦後の盛り場は、三宮の鉄道高架橋と道路が交差するいわゆる「ガード下」に現れた、立ち売り商人による闇物資の販売に始まった。

神戸の闇市を同時代的に記録した資料は、地方紙『神戸新聞』以外にない。同紙は1945年9月17日、終戦以降初めて神戸市内の闇市の現況を報じ、戦後日本の盛り場について進むべき道を考察する記事「盛り場の明暗二重奏　法外な饅頭を売る闇商人　日毎に人波も増え活気付く」を掲載した。元町から三ノ宮間の省線ガード下に闇市が出現したと明記し、「映画館も娯楽場もなくただ人目をひくのは妙な饅頭を二、三十個ばかり入れた籠を抱える支那人の行商人」と報じた。

また、この記事では、終戦後の盛り場を「ただ人間は人間をもとめて集《つど》うのだ」と描いた。空襲の不安から解放された市民は、焼け残った高架橋のそびえる駅前空間に集まった。そこには食べ物の行商人が次々とあらわれ、多様な商人と買い物客が溢れていった。

同記事には、三宮に現れた闇市とその繁盛ぶりへの違和感が、「非建設的であり今後盛り場としての永続性は乏しい」と示された。しかし、結局のところ、三宮は闇市に始まる賑わいを経て、中心市街地へと変容を遂げていく。

三宮の闇市では警察の取締りを受けて、民族や営業場所を核にした自治的組織を結成し、営業地域や販売品目・価格が調整されたが、そうする間にも商人数は増え、高架橋の南側街路にもバラックが建ち並んでいった。戦前この場所は市電軌道のない遊歩道だったため、中央に店舗ができても注意されなかったのだろう。

闇市の初報道から1カ月後、1945年10月には大阪での検挙で追われた闇商人が神戸に流入して、新開地と元町高架下で食糧闇売りが急増した。その無秩序な状況に衛生面や治安を問題視して、新開地本通りで兵庫署による闇市取締りが行われた。

翌月末には三宮でも生田署による取締りが始まり、警官145名が出動した。この日は284名が検挙されたが、野菜を売った商人は説諭のみで帰され、米穀などの主食と外国煙草を販売した61名が留置された。

『神戸新聞』で報じられた兵庫県の闇市取締りでは一貫して、販売品目が主食類・専売品・禁制品に当てはまるかを重視していた。

その姿勢が変わったのは1946年8月。同月1日、全国一斉に闇市の摘発が行われた「八・一粛正」の後に、またも他都市から商人が流れ込み、もはや販売品目の規制や自粛では効果をなさなくなった。

そのため、道路上を占拠した約700件の店舗を、「交通に支障」の名目で移転させることになり、10月には移転店舗群による「三宮国際マーケット」が開業した。JR三宮駅から元町駅間と、元町駅から神戸駅間の高架下店舗のみが残り、約2kmに1000軒ほどの高架下露店街を形成することになった（図4-6）。

なお、市内で「自由市場」と呼ばれた闇市は、三宮と新開地の2カ所だった。これは1

945年12月に闇市の統轄組織が「闇市」という呼称の違法性や暗さのイメージを嫌って「自由市場」を名乗り始めたことによる。特に、三宮自由市場では、1945年12月末に在日本朝鮮人連盟を基盤とする商人組織「朝鮮人自由商人連合会」が結成され、この自称が「自由市場」という呼称を広めた先駆だったと言えそうだ。

図4-6　鉄道高架下の闇市に集まる人びと

†神戸の闇市における経験

三宮自由市場が存在したのはわずか1年余りだったが、神戸市内に強い印象を残した。

拙著『神戸 闇市からの復興』（慶應義塾大学出版会、2018年）を刊行してから、戦後神戸の思い出がある方から連絡をいただく機会に恵まれた。ここでは、戦後70年余りの時期に私が聞き取った、神戸の闇市で売った人・買った人・見た人の体験談を残したい。

Yさん（1931年生まれ、男性）は14歳で終戦を迎え、1946年2月に闇市で商売を始めた。父が貨物船の船乗りで帰らぬ人となり、兄は病を患ってしまったため、家族で食べていくために、何とかして現金を稼げる手段を探す必要があった。

1946年2月に実施された預金封鎖と新円切替によって、1カ月に一世帯で引き下ろせる預金額が制限された。その影響で、日々の食料や物資を購入するための現金を要した。当時は被災を免れた長田区鷹取の自宅から中央区の中学校まで通学していた。帰り道は、学校から三宮まで徒歩で坂を下り、三宮の闇市を眺めながら高架下を歩いていた。

ある日、現在の元町高架通商店街で売りに出ていた屋台をみつけた。買えばその場所で商売できるのかと思ったが、売っているのは屋台だけ。場所の権利はまた別と言われたため、それを買って、南京町の南側の焼け跡に引いて行って商売することにした。

その栄町通1丁目の空き地には店が立っていて、商売をしてもよいか聞いてみたら、どうせみな不法占拠だからいいよと言われた。先に店を開いていたおじさんおばさんたちが、子どもだからと一緒に運んでくれた。

Yさんが屋台で販売したのは、免許が要らなかった雑誌や書籍だった。雑誌を買いに来るお客たちからはタバコを求める声が多かったため、二重商売を行うようになった。はじめは配給の横流しでタバコを仕入れたが、そのうち、徳島から生産者が闇で中突堤に持ってくるようになった。

そうした露店営業を1947年夏頃まで続け、撤去されたあとは栄町通3丁目の小料理屋に交渉をして、店の前で営業させてもらった。半年後に立ち退かされ、露店を廃業する前に雑誌・新聞の卸屋にスカウトされて就職した。

このように、Yさんにとっての闇市は、自らの暮らしていた場所を観察して見定め、その状況に即した身の振り方を考え、選ぶ中で辿りついた労働の経験だった。

Tさん（1927年生まれ、男性）は中央区多聞通2丁目で商売をして家族で暮らしていたが、闇市ができたことにびっくりして三宮自由市場へ足を運んだ。

今まで見たことないようなものが売っていました。家族の者がね、闇市に行ったら、カレーライス食べられるとかぜんざい売ってるとか言うんです。そのころ飢えていましたからね。どれどれ、いうて、その店まで行ったら、カレーライスはたしか10円。

ぜんざいは本当の餅が入ってて30円。当時にしたらものすごい高いですよ。ただね、やってる店のほとんどが韓国の人とか中国の人なんですよ。旗立ててやってるから、日本の警察がこれは闇物資やということがわかってても取り締まれないんです。日本人でやってたのは、やくざとかね。そういう人たちが場銭をとってきちっと店を統制してたので、治安は良かったんです。だから僕ら18歳くらいやったんですけど、歩いて何にも怖いことなくて、お金さえ出せばなんでも手に入りましたね。

神戸の闇市は後背地に田舎が多くて、恵まれていたことも印象深かったという。漁業が盛んな明石から多聞通の店に、おじいさんが小遣い稼ぎに魚を1、2匹売りに来る。それを高くても買わせてもらい、おじいさんは闇市に行って一杯飲んで上機嫌で帰る。定期的にそういう交流があり、戦後神戸の中心部は闇市のおかげでものが手に入る生活だった。当時の地元で暮らした若者には、闇市はこわいものではなく、むしろ楽しかったり、ありがたかったりする印象が強く残ったようだ。

Nさん（1924年生まれ、男性）は当時、芦屋市の自宅から長田区にあった神戸工業専門学校（現・神戸大学工学部）に通学していた。その行き帰りに三宮の闇市に寄って、神戸の闇市のはじまりといえる光景を見た。

闇市は戦後よく徘徊しました。戦争が終わってすぐでした。ある日の午後、省線三ノ宮駅から元町駅の方へ、高架橋の南側を西の方へ歩いていきました。人通りはまったくありませんでした。そのとき、前方の高架橋の柱の陰に何か動くものが見えたのです。柱の前に行った時、防空頭巾の様なものを被った小母さんが、手に大きな籐の籠を持って、品物に被せた布切れの隅を少し持ち上げて、小声で「甘いよ、甘いよ」と声を掛けて来ました。見ると砂糖をかけた揚げ饅頭でした。甘いものに飢えているときでしたので、衝撃を受けました。

中に入って物を買うのは怖かったけれども、近くを歩くのは面白くて、立ち寄って歩きながら数枚の写真を撮っていた。図4－7は、1945年11月1日に高架下を整備して開業した「新楽街」を写したものである。

新楽街は、兵庫県警察部長が計画した、座って清潔な食器で食事ができる公認飲食店街で、「神戸市民のオアシス」と称えられた。戦前から新開地で複数の飲食店を営業した日

図 4-7　日本人学生の撮影した三宮高架下の「新楽街」

本人業者による和洋食堂「国際食堂」の看板と店構えが見える。これは、報道や情報発信を目的とせずに若者が撮影した貴重な記録といえる。

　また、闇市に出入りしていた友人と一緒に、ライターの石やナイロンのベルトを仕入れて山陰へ行商に行ったこともあったという。

　Nさんは卒業後の１９４６年４月からは大阪の建築会社で働き始めた。１９４５年９月から翌年３月の、戦後を迎えた学生時代の最後に学友と過ごした思い出は、神戸の闇市の全盛期と重なっていた。

3 闇市からマーケット、商店街へ

三宮自由市場は闇市撤去で終わらず、移転先を得てマーケットや商店街として定着したことも特徴的だ。

1946年初頭には、連合国占領軍と警察による闇市への取締りが激しくなった。そして、同年夏までには新たな商業集積が増えていく。その動きは闇市に限らず、各地で公設市場や私設市場の再開、新たな飲食店街や商店街の発生が見られていった。

なかでも、三宮から神戸にかけての商業集積の変動は著しかった。

†中心市街地に定着した新興商業集積

神戸の焼け跡にあらわれた闇市が移転したり定着したりすることで、三宮・元町周辺には多数の商業集積が成立した（図4－8）。東西にJR三ノ宮駅から神戸駅の周辺を見ると、連合国占領軍の接収地に挟まれるように、商業集積がひしめいたことがわかる。

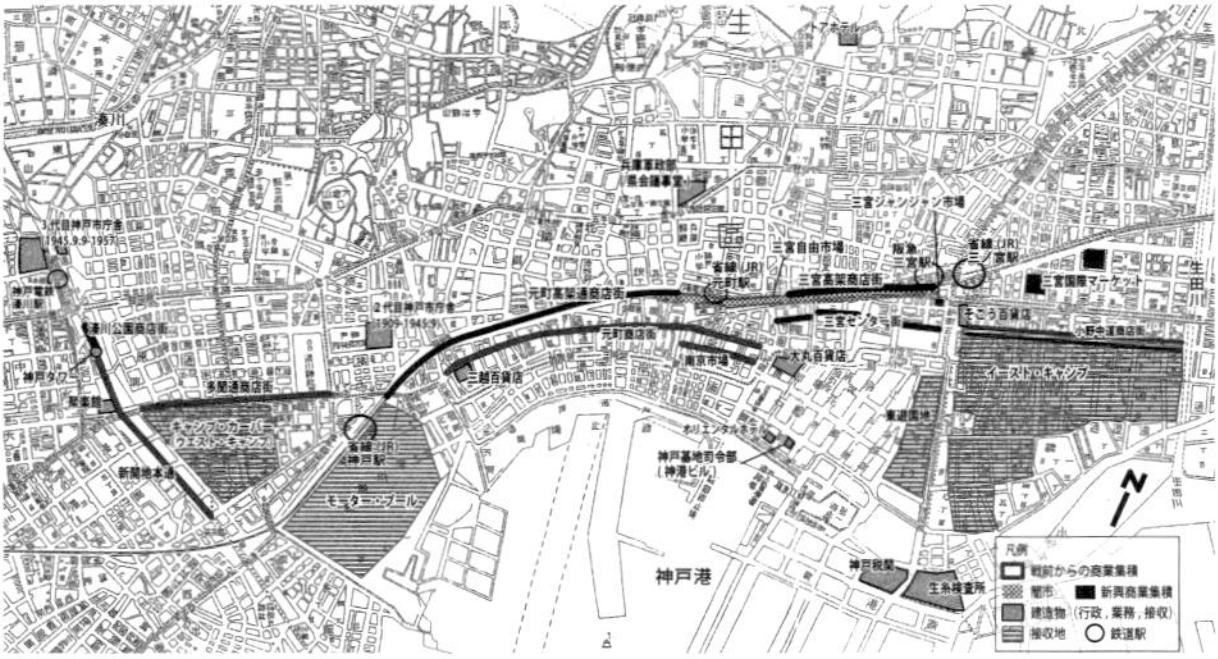

図 4-8　1945 年 8 月から 1950 年頃の三宮・元町・湊川新開地にあった主な商業集積と GHQ 接収施設など

復興した元町商店街や消滅した小野中道商店街とは別に、戦後新たにできた商店街の筆頭は、中央区三宮町1～3丁目の「三宮センター街」だった。戦前の三宮町1丁目には、小売商店が60から70軒連なった商盛会があった。しかし、2丁目はおもに住居が並び、商業地として賑わったのは南側の三宮本通りと三宮神社境内に形成された飲食店街だった。

明治末期からの三宮神社境内は西の新開地と対抗する盛り場となり、飲食店のほか、活動小屋や芝居小屋、本殿北裏の三階建ての三宮勧商場、カフェーなども多くの人びとを集めた。これは「三宮神社境内商店街」として親しまれたが、戦災で神社も鳥居を残して焼け跡と化してしまった（図4−9）。

図 4-9　焼け跡と化した三宮神社

食道楽の本場として神戸ッ子一部の通人に親しまれていた境内は、約四十軒がすでに完成。これに屋台店約四十軒も加えて発足したが、自由市場にお客をさらわれて昔の姿にはかえってないが、復興祭には何とか人気を呼ぼうと種々計画中である。

（1946年9月14日付『神戸新聞』）

1946年秋の復興の様子を伝えた『神戸新聞』記事によると、境内にはバラックと屋台を40軒ずつ建てて飲食店街を復興させたが、駅前の三宮自由市場の勢いに負けて、客足が伸びなかったという。

この衰退には、三宮・元町という場所そのもののもつ性質の変容も影響したのだろう。当時の居留地は、連合国占領軍の神戸基地司令部によって焼け残った建物の大半が接収されていた。また、東の街区には生田警察署が置かれ、進駐兵や警察関係者が近くを行き交った。この立地条件では、健全な飲食営業を行うほかなく、より利益の上がる営業方法を目論む商人は高架下や駅近くに移動したのだろう。その後、戦災復興土地区画整理事業によって現在の境内は大幅に縮小され、往時の盛り場は再現されていない。

そして、同時期の1946年、三宮センター街は戦後の新興商店街として、三宮本通りと高架南側街路の自由市場とのあいだに生まれた。当初は三宮町1丁目に集中して四十数店舗が集まったに過ぎなかった。

翌年からは集客に趣向を凝らし、夜間照明や店名看板、鈴蘭灯、ネオンアーチなどを設置して、積極的に商店街の整備が行われた。1952年には街路の舗装が完成、翌年にはスライド式のアーケードも竣工し、市内の中心商店街としての地位を確立していった。

他方では、闇市から生まれた三宮ジャンジャン市場や三宮国際マーケット、三宮高架商店街、元町高架通商店街などは、戦後初期から三宮・元町の賑わいを導いた。

三宮ジャンジャン市場は1945年末、最初期の路上店舗撤去時に、日本人の店舗兼住居約50軒が場所を移して安価な飲食業を始めた事例だ。移転先の加納町5丁目と三宮町1丁目北東部の空き地は、三宮センター街と鉄道高架下の間に位置した。

戦前の神戸市の中心地だった湊川新開地では、新開地本通が「キャンプ・カーバー」に圧迫されながらも復興した一方で、期間限定で開設されたはずの湊川公園商店街が残り、1950年の日本貿易産業博覧会「神戸博」の開催前後で立退きが問題になるなど、長期にわたる土地利用の制約やせめぎあいも見られた。

占領期が終わってからは、こうした接収解除と戦災復興事業が進んだ。1957年に三宮南部の東遊園地に神戸市庁舎が移り、中心市街地のレイアウトが決定的に更新された。

拠りどころとしての戦時下の経験

三宮の闇市営業者は、日本人、中国人、朝鮮人、台湾人と さまざまなルーツをもつ人びとが混在し、一触即発の状況だった。

1945年12月に多発していた外国人業者間の争いを避けるため、各営業地区の設定について協議が行われた。そこで、兵庫県警に集められたのは、占領軍のMPと兵庫県警、検事局、朝鮮人連盟、華僑総会、台湾省民会などの代表者だった。当初は在留外国人組織の代表者が集められたが、こうした話し合いや調整の必要性から、自治を目的とした商業組織が結成されていく。

同月末には在日本朝鮮人連盟のもとに朝鮮人自由商人連合会が結成され、三宮自由市場で勢力を伸ばした。そして、1946年5月、台湾省民会のもとには国際総商組合が結成された。1946年初頭から、多数の営業者と買い物客が集まった三宮の高架下では、闇市の利権争いが起きていた。この争いの収束を図って組織化が推奨され、話し合いで解決する流れに向かっていったと言えよう。

1946年8〜9月の路上店舗の移転においても、ルーツや民族を基盤にした商業組合の紐帯は強く発揮された。

たとえば、朝鮮人自由商人連合会は撤去される露店の移転地として、JR三ノ宮駅東部の現・中央区雲井通6丁目と旭通4丁目の二カ所を確保し、約1000軒の長屋式の集合店舗施設を建て、「三宮国際マーケット」を開業した（図4-10）。

1946年9月18日には兵庫県令「露店営業取締規則」が即日施行され、土地所有者または管理者の承諾書を添付した営業申請や、地区ごとの組合結成と自治統制が求められた。同連合会は三宮国際マーケットの開業手続きを案内するだけでなく、所属商人の申請を一

図4-10　三宮国際マーケット（1946年）

括して県警察部に提出した。そして、新たにできたマーケットの管理組織として1970年に再開発事業が始まるまで影響力をもった。

　また、その頃には、満州と中国、朝鮮、南方、台湾などの海外在留者が、引揚者として京都府の舞鶴港から帰還し始めた。戦災都市では住宅難の中で引揚者の定着援護のために、県営、市町営の引揚者住宅が建てられた。

　一方で、当時の求人は復興事業や進駐軍労務のように肉体労働が多く、外地で頭脳労働や商売を生業にしていた引揚者が失業したり自由商人に転向したりする傾向にあった。そこで、引揚者救済を目的に、湊川公園内の神戸タワーの足元に約300戸の店舗兼住居群が建設された。

図4-11　湊川公園商店街（1947年）

この計画を主導したのは、元神戸市議で上海からの引揚者だった華中引揚兵庫県人互助会会長の山口敬一で、市や近隣事業者の協力をとりつけ、1946年8月に引揚者主体の「湊川公園商店街」が開業した。商店街の各路地には引揚者の郷愁をあらわすように、ハルピン路、北京路、上海路、蘇州路と愛称がつけられ、その入り口には店舗名を並べたアーチが掛けられた（図4－11）。

†鉄道高架下の商店街と料飲規制

鉄道高架橋の下部空間に生成した戦後都市商業集積は、全国各地でみられる。神戸のJR三ノ宮駅から元町駅、元町駅から神戸駅のあいだの高架下で営業を続ける闇市出自の商店街は、兵庫県下の代表的な事例といえる（図4－12）。

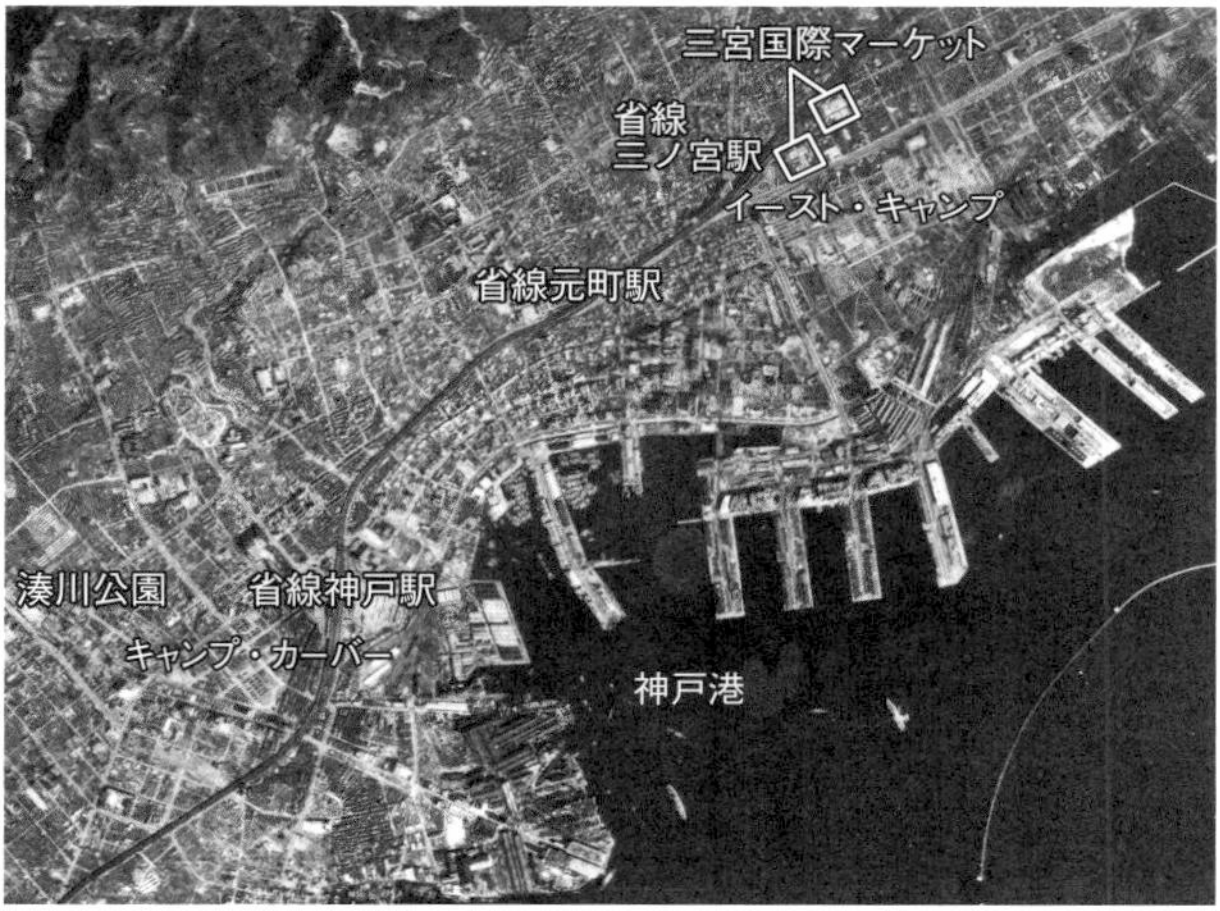

図 4-12　空から見た三宮・元町・湊川新開地（1947 年 9 月）

神戸市の中心部を東西に縦貫する省線（現・ＪＲ）の線路の増設に際し、灘―鷹取駅間の高架化工事が行われ、１９３１年に高架橋が完成した。ＪＲ三ノ宮駅は６００ｍ東へと移転し、その跡地には１９３４年に請願駅として「元町駅」を設置し、神戸の高架下空間が生まれた。

道路と線路の立体交差化は当時より都市計画の課題だった。高架鉄道は、都市化に伴う交通改革として市民に大いに喜ばれ、高架下敷地の使われ方もまた、関心を集めた。高架下空間は店舗または倉庫にする予定となり、南北の側道に向いた店舗兼住宅も想定された。

１９３６年夏には、元町―神戸駅間の

宇治川ガード下から相生橋までの約１００ｍに、14軒の古物商と植木商が店を構えた様子が『朝日新聞』の写真にも残る（図４－13）。同年には、やや西側の兵庫駅高架下に屋台の並ぶ様子が撮影されている（図４－14）。

これらは、神戸の高架下における商売の起源と言えそうだが、まもなく日中開戦によって、神戸市が鉄道省から高架下浜側を歩道用地として無償で借り受けることになり、一度停滞の時期を迎える。山側には高架下倉庫が設置されたが、浜側は暫定的な歩道や公園として用いている間に空襲を受け、終戦を迎えた。

この高架下に生じた大規模な闇市に対し、窮乏期であった時代情勢を鑑みた特例措置として、市は、浜側に建ち並んだ店舗群に対して道路占用許可と露店営業許可を出し、連続型店舗を形成する動向も容認した。

こうして、高架橋建設当初に想定されたかたちとはまったく異なる経緯で、商店街が形成された。統制下にあってもつねに数多くの物資が集まる場所となり、暗く狭いという戦前のイメージを覆した賑わいの空間があらわれた。それは、戦後の盛り場の生成現象を象徴する事例でもあった。

三宮自由市場が殷賑《いんしん》をきわめた１９４６年上半期には、元町―神戸駅間の高架下の店舗

図 4-13　神戸の高架下での商売のはじまり（1936 年）

図 4-14　兵庫駅高架下の屋台（1936 年）

群は、松明会という博徒系組織に統轄され、約800名が営業していた。高架下浜側にバラックを建設し、1946年4月には既に簡易な連鎖型店舗の原形があった。同年夏の闇市大撤去では、花隈と宇治川筋に新たなマーケットが建設され、路上から100名が動いていた。

一方で、松明会の高騰する場銭に対し、1946年末には商人たちが商店街協同組合を発足させた。1947年6月の総会で「元町高架通商店街」と改称し、「モトコー」と呼ばれる商店街が成立した。

さらに、高架下において料理飲食を営み続けた約200軒の露店群は、1947年に発令された飲食営業緊急措置令と、続けて1949年に施行された飲食営業臨時規整法によって、「闇営業」の烙印を受けた。

しかし、外食券食堂・旅館・飲食店には営業許可が下りたことから、「喫茶店」として申請するものや、古着屋に転業するものが多く現れた。昼間は古着屋、夕刻からは飲食営業と、昼夜で場所の性格を切り替える二重商売も見られ、料飲業に対する規制が、抜け道として喫茶店や衣料品を扱う店舗を増加させた。

そして、三ノ宮駅から元町駅間の店舗群は、1949年7月の中小企業等協同組合法の施行を機に、知事の許可を得て統一的な店舗形態への改築を果たし、翌年6月に「三宮商店街協同組合」を創設した。また、1950年8月には新楽会を吸収合併して「三宮高架商店街」が成立した。

同地で共存してきた二つの商店街・飲食店街は、闇市を原点とする高架下商店街が公認飲食店街を飲み込むかたちで営業を継続することになった。これは料飲規制の影響を受けた、力関係の逆転と言えるだろう。

†元町高架通商店街の存続と業種

さて、元町高架通商店街（モトコー）の存続には、成立してからも紆余曲折があった。

1952年の道路法改正によって占用許可の基準が明記され、「家屋」とみなされるものは不許可となった。翌年には国鉄から神戸市へと撤去・返還が求められ、市からモトコーへの道路占用許可が打ち切られる。

しかし、モトコーは建替えの陳情を提出し、国鉄と市と地元店舗群による協議折衝が始まった。最終的には、国鉄が譲歩するかたちで折り合いがつき、モトコーの存続と改築は認められ、1976年に統一的な店舗形態へと全面改築を果たす。このとき、中央を走る長い通路は赤レンガ歩道に改装された。

戦後日本では経済統制が順次撤廃され、次第に戦後復興を遂げていった。1955年以降の神戸では、元町商店街や三宮センター街のアーケード化も進んだ。これによって、モトコーでは、陽射しや風雨を防ぐ高架橋という「屋根」の優位性が失われ、三宮で進む都市整備への焦りから全面改築が行われた。

存続は認められたが、モトコー浜側の店舗については、高架橋建設当初に歩道として整備する計画で、現在のJRから神戸市へと貸された土地だった。これを商店街振興組合が市から一括に借り受け、連なるように建てられた各店舗は、振興組合から不動産会社を通してテナントとして入居する。このような四段階にも及ぶ複雑な借地借家契約は、浜側のみだった。山側の店舗については、当初からJRと個々の店舗の直接契約が結ばれていて、権利関係の違いが解消されずに残っていた。

ところで、一連の鉄道高架下の二つの商店街は、成立経緯も業種も異なっていた。集まった業種にも違いがあり、モトコーは成立期の名残からか、飲食営業よりも衣料品の品揃えに定評があった。1963年に「元町高架通商店街振興組合」へと組織強化が図られ、同時期、JR元町駅は島式ホーム2面の形態に改修されて現在の姿となった。

1971年時点のモトコーでは、高架137号から321号まで220名の組合員が営業していた。当時の業種を見てみると、飲食店・喫茶店やパン・果物販売等の食品を扱う店舗は28店、約12％にとどまった。圧倒的に多かったのはさまざまな物販であり、衣料・靴、時計・宝飾、眼鏡、雑貨、電気器具、書籍などが商品となった。

これもまた、闇市から商店街化する過程で料飲規制の影響を受けたあらわれと言えよう。この頃から中古家電製品を安く販売する店が増加し、それを目当てに外国船船員も訪れた。

第5章

占領による場所性の喪失と発生

神戸で闇市が報道されはじめた1945年9月、連合国軍による「進駐」も始まろうとしていた。進駐とは、軍隊が他国の領土内に進み、そこに駐留することである。

日本が受諾したポツダム宣言に基づき、戦後の対日処理を目的にして、マッカーサーを最高司令官とする連合国軍最高司令官総司令部（GHQ/SCAP＝General Headquarters, the Supreme Commander for the Allied Powers）が敗戦国の日本にやってきた。焼け跡の神戸にも占領拠点が置かれ、駐留した部隊は生活するために兵舎や将校宿舎、車両基地や航空基地などを要し、まずはこれらの新設が急がれた（図5-1、5-2）。本章では、占領下の神戸で大規模な基地"Kobe Base"（神戸ベース）が置かれたことの影響を見ていこう。

図 5-1　神戸ベース司令部が置かれた旧外国人居留地の神港ビル

図 5-2　現在の神港ビル

1　広域な連合国軍の駐留

進駐直前の『神戸市民時報』や『神戸新聞』には、近く本市にも進駐してくる連合国軍と親善融和を計る心構えを持つようにと、市民への注意事項が数多く挙げられた。

占領期の「進駐軍」による命令は絶対だった。時には政府や地方自治体が交渉できる局面もあったが、対等ではなく、通らない意向も多かった。また、進駐兵と市民との間には、さまざまな交流と摩擦が生じた。

進駐が始まり、全国各地で「接収」が行われた。これは、連合国軍の用に供するために、国が土地または建物をその所有者・借地権者・建物の賃借権者から賃借したり、連合国軍が直接占有したりしたことをいう。

この接収は期間が短いものから、1952年4月28日のサンフランシスコ平和条約発効後も続いたものまであり、復興に向かう日本人の生活環境は制約を受けた。

†占領のはじまりと神戸ベースの位置づけ

第二次世界大戦末期の1945年7月26日、アメリカ・イギリス・中国の3国首脳より日本に対する無条件降伏勧告としてポツダム宣言が発された。日本政府は8月14日にその受諾を決定し、15日に国民に発表、9月2日に降伏文書に調印して戦争が終結した。

東京にGHQ（SCAP・連合国軍最高司令官総司令部）が設置され、日本の占領期が始まった。占領政策は直接軍政ではなく、間接統治がとられ、GHQの命令と監督によって日本政府が政策を実行していくことになったが、当初は府県ごとに軍政部も置かれた。

神奈川県には米第8軍司令部が置かれ、首都圏が連合国軍の進駐の中枢機能を担うこととなった。西日本へは、1945年9月25日の和歌山港への上陸によって米第6軍の進駐が始まった。和歌山市の二里ヶ浜に米軍の大型輸送船が上陸し、2週間で1万人以上もの兵員が神戸をはじめとする兵庫県下に鉄路と道路を用いて展開された。

中四国地方には、1945年10月8日に米第6軍が呉に司令部を開設して山口県を除く中四国地方の占領を開始した。しかし、1946年2月に英連邦占領軍（BCOF）の進駐が始まり、占領軍としての治安維持や武装解除はBCOF、軍政や民間行政は米軍が担

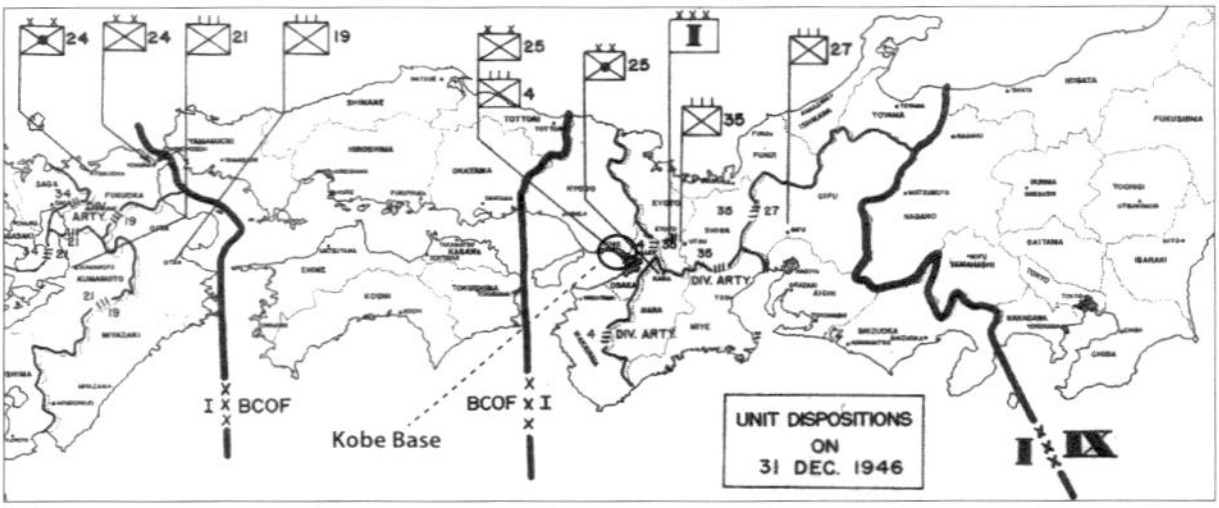

図5-3　1946年12月の西日本を統轄したGHQ部隊の配置

当することとなった。BCOFの担当した日本軍の武装解除は1946年末にほぼ終わり、治安維持が主な任務となった。

そして、日本警察の再建によって軍備縮小が行われ、1947年に英軍・英領印軍、1948年にはニュージーランド軍も帰国した。米公文書の月報附図からも、1948年12月には中四国を管轄していた英連邦軍は広島のみを管轄するようになっていたことがわかる。

西日本占領の上位部隊として進駐した米第6軍は1946年1月に動員解除となり、以降は第8軍の占領下に変更となった。同月より、東日本は第8軍第9軍団、西日本は第1軍団が統轄する体制となり、前者は仙台、後者は京都に司令部を置いた(図5-3)。

第1軍団には第24歩兵師団と名古屋から移駐した第25歩兵師団が置かれ、第24師団は小倉から福岡を中心に、佐世保、熊本、別府に下位部隊を、第25師団は大阪エリアを中心に、奈良、岐阜、大津に下位部隊を展開した。また、中四国は英連邦軍が占領する配置となった。

1946年1月以降、神戸に進駐した米第8軍の部隊は"KOBE BASE"（神戸ベース）だった。「神戸ベース」とはどのような基地だったのだろうか。

米軍記録の調査から、神戸ベースは前述した西日本第8軍第1軍団の下部組織ではなく、横浜の第8軍司令部や海軍の拠点と同じレベルでの部隊だったことがわかった。同基地の記録文書によると、米第8軍の第1軍団と第9軍団の兵站《へいたん》責任（logistic responsibilities）を担い設立されたと記され、初期から補給・輸送・管理を担う基地であったと考えられる。

さらに、1946年1月から4月の部隊報告書によると、2月より呉基地の閉鎖を受けて、第24師団と本州南部と四国にある第1軍団の全部隊の兵站支援（logistic supports）を神戸ベースが引き受けることとなっていた。名古屋基地は第25師団への支援を続けたが同年4月に閉鎖、続いて九州基地も同月に閉鎖されたため、神戸への大規模な兵力の移動が見られ、兵站機能は集約されることになった。

この経緯には、神戸ベースが置かれた神戸・阪神間エリアが戦前より生産・交通の要衝とみなされ、補給拠点として機能していた地域的特性が表れていると言えよう。

†接収された土地・建物

「神戸ベース」の名称からは、現在の神戸市内の市街地のみを想定してしまい、その範囲を捉えることが難しい。神戸ベースは、神戸港を目前にする旧外国人居留地の神港ビルに司令部を置いた。

神戸ベース司令部が1949年11月に作成した、接収を受けた物件・土地を示した地図「KOBE BASE AREA」(図5-4)は、近年神戸市内で発見された。この地図によると、「神戸ベース」とは北の六甲山系と南の大阪湾に囲まれた神戸市から、東の芦屋市・西宮市等の阪神間一帯に各機能を展開した基地だったことがわかる。

このマップを東から西へと概観してみよう。東端は武庫川に始まり、さらにそれを東へ越えた兵庫県尼崎市の扶桑金属ビルや、神崎川を東へ越えた大阪府大阪市のJR御幣島《みてじま》駅付近のアイスクリーム工場も接収物件を示すために別枠で記載されていた。兵庫県西宮市の甲子園では、甲子園ホテルや甲子園球場、鳴尾浜、夙川《しゆくがわ》沿いの山手のエリアなどの接収が見られる。

兵庫県芦屋市にも多数の接収物件があった。国立公文書館所蔵の「調達要求書」の調査から、接収物件が多く位置したのは山手町、六麓荘町《ろくろくそう》、平田町、打出春日町、山芦屋町、西山町だったことがわかった。その大半が戦災を免れた個人の邸宅で、著名な建物として滴翠《てきすい》美術館（旧山口吉郎兵衛邸）、かつて六麓荘にあった芦屋国際ホテルが見られた。

神戸市域では、東灘区の岡本や住吉・御影の山手で個人住宅を中心に多くの接収物件が見られた。灘区には、現在神戸大学の六甲台第2キャンパスになっている新築の将校家族住宅「六甲ハイツ」が置かれた。

また、その西に位置する長峰山ではW・M・ヴォーリズの設計で1933年に竣工していた旧カネディアン・アカデミイの寄宿舎「グロスターハウス」が接収された。この寮は、1947年6月から1年余りは英連邦軍のうちオーストラリア軍の休養のためのレスト・ホテルとして接収を受け、同軍撤退から講和発効直前の1952年3月までは米軍が使用。返還後の9月より学校が再開された。

中央区には、三宮から元町を中心に旧居留地の焼け残った近代建築が接収され、神港ビルに神戸基地司令部が置かれた。また、三宮南には複数部隊の駐留した「イースト・キャンプ」が置かれたほか、神戸港関連施設も接収されて立入禁止となった。さらに、山手ではホテル、個人住宅など数々の接収物件が密集していた。

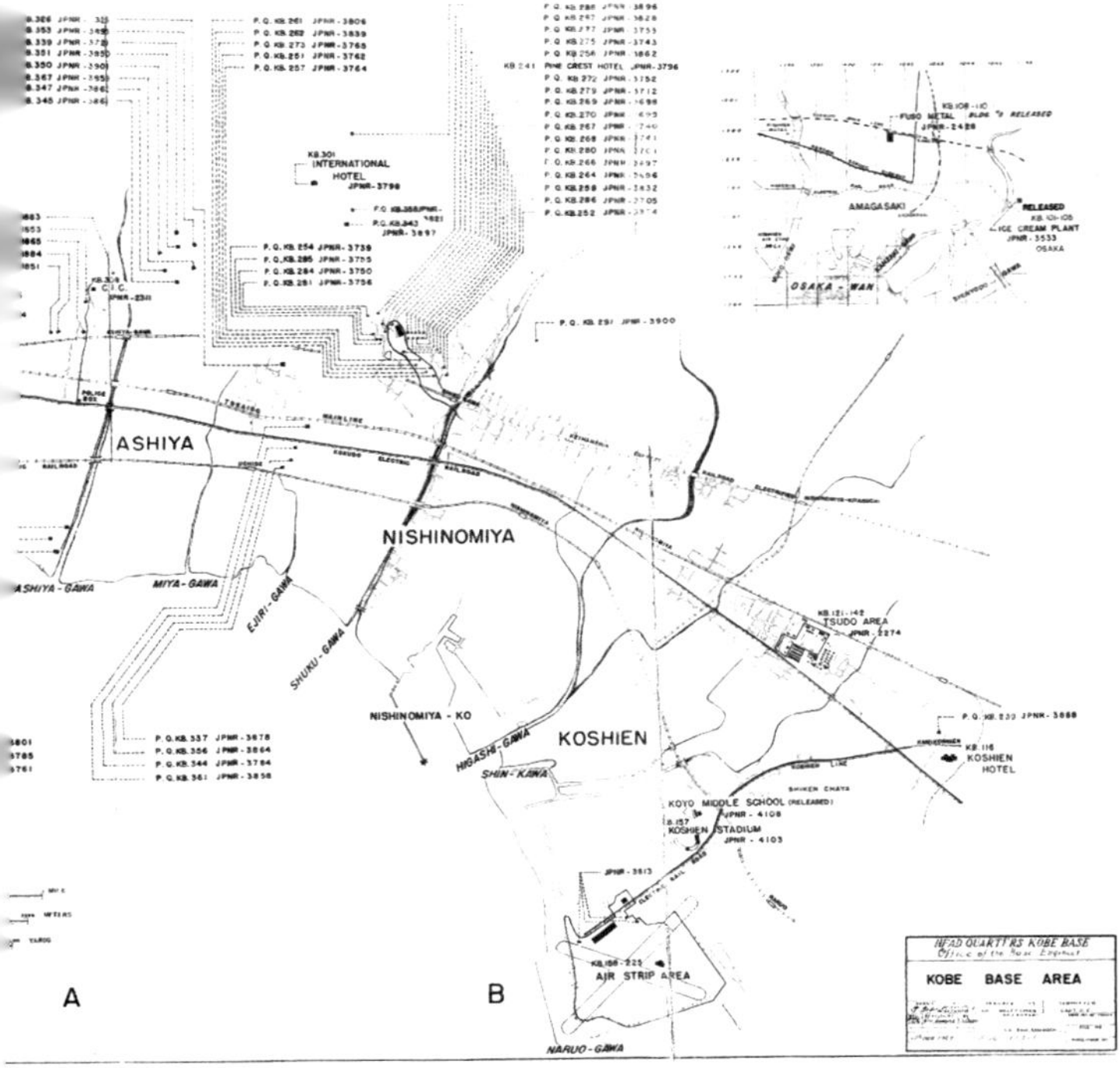

Base Engineer, 1949 年 11 月（右半分）

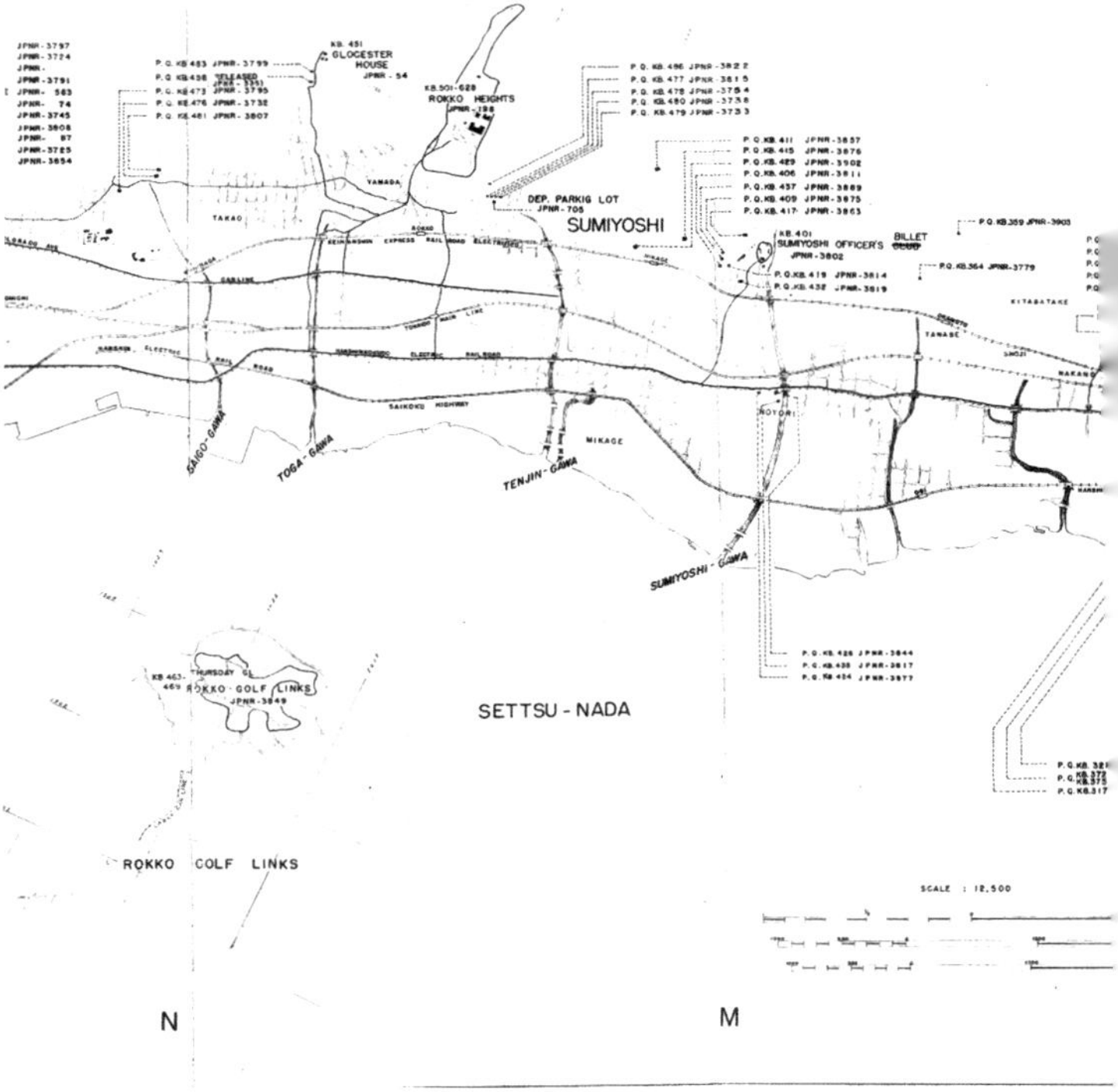

図 5-4 "KOBE BASE AREA", Headquarters Kobe Base Office of the

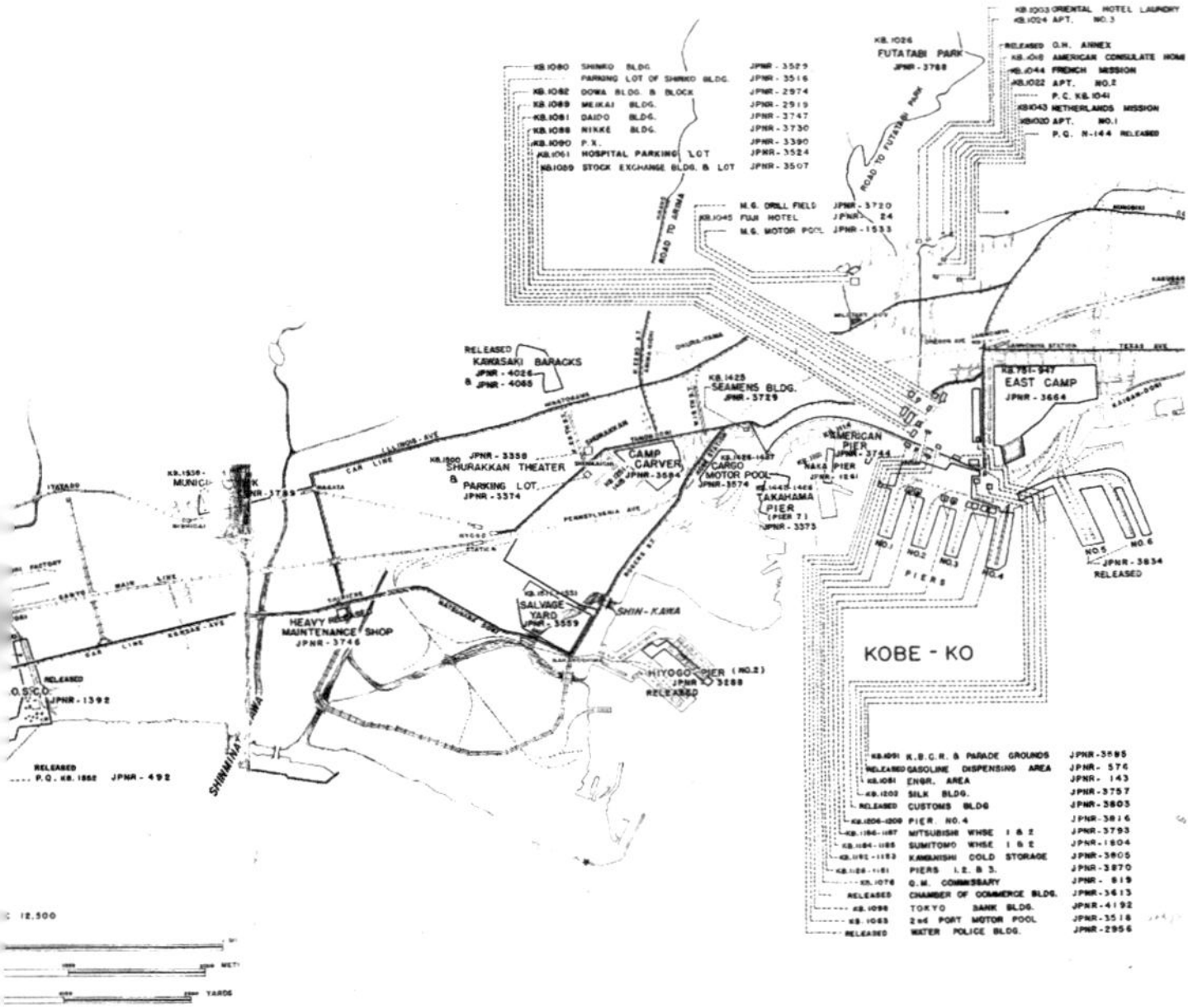

Base Engineer, 1949 年 11 月（左半分）

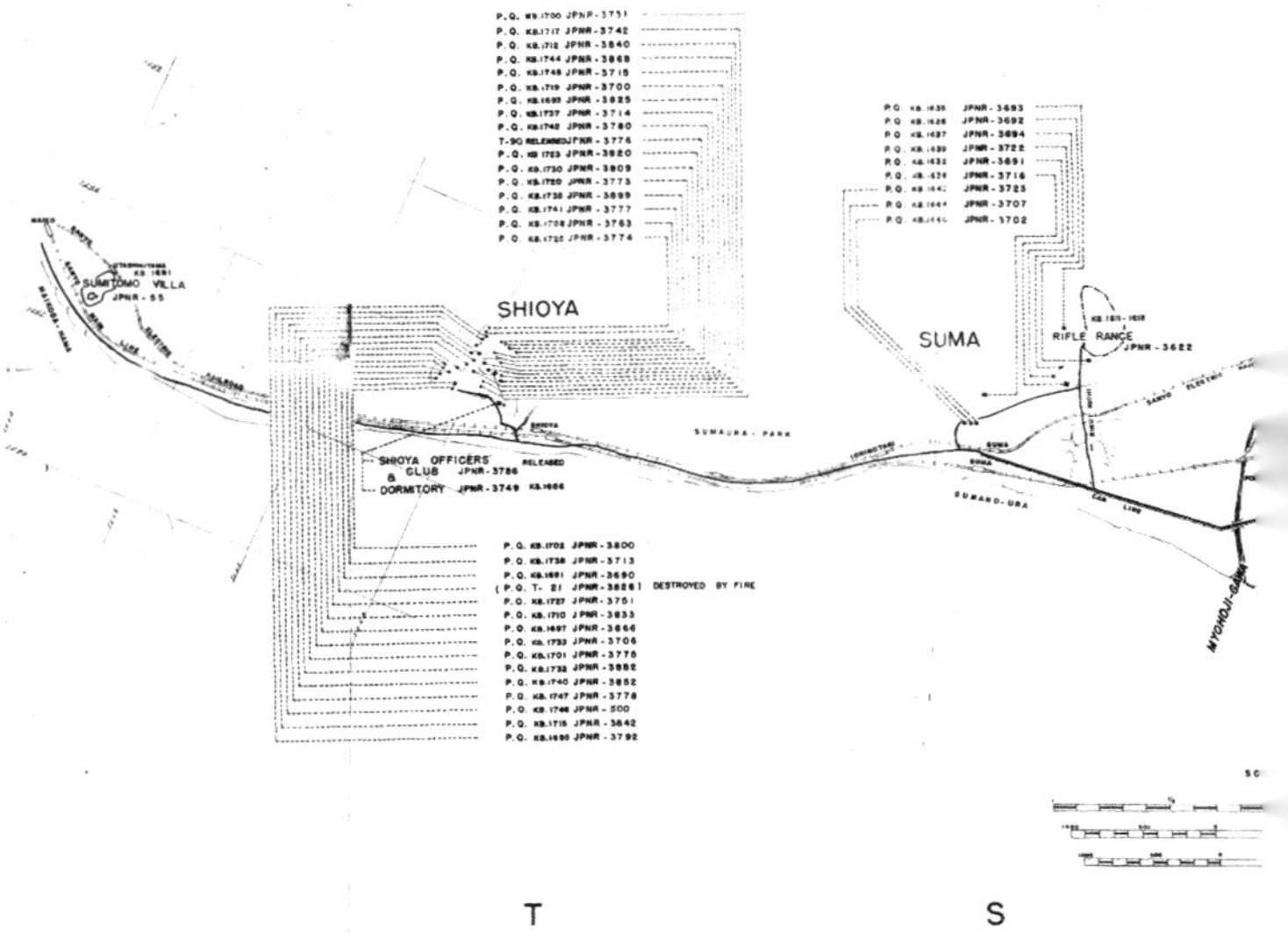

図 5-4　“KOBE BASE AREA”, Headquarters Kobe Base Office of the

兵庫区東部の新開地には、黒人兵の駐留した「キャンプ・カーバー」が設営され、劇場・映画館だった聚楽館の接収や、神戸駅南への貨物線用モータープールの設置などが見られた。

神戸港は終戦に伴い日本倉庫統制株式会社が解散したのち、神戸港の主要施設として、新港第一〜第六突堤、中突堤、兵庫第一・第二突堤等、三井、住友、三菱、川西等の臨港倉庫の大半が接収された。神戸港の接収解除は1946年6月の税関再開に続く、同年11月の兵庫突堤基部の解除・再開に始まる。

突堤の解除に関しては、1947年2月に兵庫第一・第二突堤、1950年4月に新港第五・第六突堤、1952年3月にメリケン波止場、新港第四突堤が接収解除となった。その後も続いた接収は、1952年2月に全面解除となった。

兵庫区南部には、新川運河沿いに「サルベージ・ヤード」が設けられた。初期には進駐軍車両や神戸港の機雷を探索・処分するための置き場として、時間が経つとスクラップの屑鉄が積み上げられた。

長田区では、市民運動場（現・西代《にしだい》蓮池公園）の接収や、尻池の重整備工場の設置のみで、住宅の接収は見られなかった。

図5-5　武庫離宮跡に整備された射撃場 "KOBE BASE RANGE"

須磨区では、山手に位置した武庫離宮跡が射撃場「KOBE BASE RANGE」(図5-5)として整備され、南に続く離宮道あたりの邸宅を中心とした接収を受けた。

垂水区の青山台・塩屋町あたりでは昭和初期に英人貿易商アーネスト・ウィリアムス・ジェームスが住宅開発した「ジェームス山」の建築群が将校家族向け住宅として接収を受けた。

また、1894年に舞子に建設された有栖川宮別邸を1917年に住友家が譲り受けた迎賓館も、終戦直後に接収を受け、館内は洋式に改修された。1950年の解除後はホテルトウキョウの支店となり、オリエンタルホテル、神戸市と経営主体が移り、現在はシーサイドホテル舞子ビラ神戸として営業している。

†〝KOBE〟の圏域と行政区域とのずれ

さて、こうした神戸ベースによる接収物件・土地の概要を見ると、日本側の行政区分と連合国軍の空間認識とのギャップが、このエリアにおける空襲と占領の経験をより捉えにくくしてきたことがわかる。

まず、基地の名称は〝KOBE〟と表記されていたが、その駐留範囲は東西に広がり、神戸市域に限られてはいなかった。占領下の神戸市域は7行政区からなり、東から西へ、現在の灘区、中央区（旧葺合区・生田区）、兵庫区、長田区（旧林田区）、須磨区、垂水区だった。

神戸ベースが置かれた範囲は、そのうち中央区の旧居留地と山手を中心としていた。そして、連合国軍の将校が家族を帯同して暮らすために接収した個人住宅は、東部は西宮市、芦屋市、神戸市東灘区、西部は須磨区、垂水区に分布していた。

これらのエリアは空襲被害が少なく、戦前から富裕層の邸宅が建てられたり、高級住宅地として開発されたりした、いわゆる立派な住宅建築が残されていた。連合国軍は、進駐直後から市内をジープで回ってめぼしい物件の接収を指示したという。まれに交渉がうまくいって接収を免れた例や、部分接収で離れに暮らし続けた例もあったようだが、敗戦国の住民が逆らえるはずがなかった。

1950年の芦屋市警察による報告では、芦屋市に「神戸駐屯の進駐軍司令官の官邸を始め高級幹部の官舎」が30件に及んで点在していることに言及があった。これは、進駐当初から大規模な戦災を受けた神戸市域では高級幹部に提供し得る邸宅が足りず、東部に隣接した旧武庫郡や芦屋市域にその供給が求められた実状を示している。

なお、神戸市域で高級幹部の官舎とされた邸宅は、西部の須磨、塩屋に集まり、中心市街地には占領の業務機能を置くためのビルやキャンプ用地の接収が集中していた。

一方、現在の神戸市長田区は空襲被害が少なかったにもかかわらず、接収住宅が見られなかった。大正期の耕地整地組合による農地の整理で生まれた市街地に木造長屋住宅群が建ち並び、その多くが空襲を免れた。また、新湊川流域では1938年の阪神大水害で大きな被害を受けたが、終戦時点では多くの住宅が残っていた。しかし、狭小で設備が不十分とみなされたからか接収の対象とされず、市民生活への影響は限られた。

戦前からの宅地開発の蓄積と、空襲による罹災度の差は、連合国占領軍が接収する物件・土地の判断に少なからず影響を及ぼしたと言えよう。

2 「接収」による生活環境の収奪

1945年9月25日に和歌山から鉄路で三ノ宮駅に着いた兵士たちは、現在の神戸税関、旧生糸検査所、神港貿易会館、大丸百貨店などの旧居留地付近の焼け残ったビルを宿舎とし、警備兵を配して後続部隊を待った。揚陸されたトラックの輸送部隊は1週間にわたり神戸、姫路にトラックやジープで到着し、10月15日までに約1万1000人の兵士が神戸に進駐した。

「進駐軍」は焼け残った堅牢建物が集まっていた旧居留地一帯の戦災ビルの大半と港湾施設を占領拠点として、市内のさまざまな場所を接収した。

†二つのキャンプの設置と経緯

当時の神戸は、空襲罹災によって都市の既存ストックである転用可能な建築や土地がきわめて限られる状況だった。従前の中心市街地であった湊川新開地と昭和初期の鉄道整備から新市街地化を見せていた三宮のどちらにも、進駐した連合国軍の生活拠点として、1945年末から巨大なキャンプが設営された。

JR三ノ宮駅の南側、東遊園地の東側に位置した約31万㎡には白人兵の宿営する「イースト・キャンプ（East Camp）」（図5-6）が、新開地本通の北東側とJR神戸駅の間の約10万㎡には黒人兵の宿営する「キャンプ・カーバー（Camp Carver）」（図5-7）が置かれた。

資料を照合すると、「イースト・キャンプ」という名称は、旧滝道の西側に位置した「東遊園地」が"East Park"と直訳して接収されたことに起因したようだ。神戸市民はキャンプ・カーバーを「ウエスト・キャンプ」と呼ぶ。しかし、連合国軍の記録には、"East"に対する"West"と位置づけられた施設の存在は見られず、これは通称だったと言える。

占領初期の米軍は人種によって部隊や宿営地を分け、神戸では白人兵が宿営した東の大規模なキャンプがメインに据えられた。1948年のトルーマン大統領による人種差別撤廃の行政命令によって、キャンプのあり方も変わったのだろうか。その実態は確認できて

図 5-6　三宮南東の “East Camp”（1946 年）

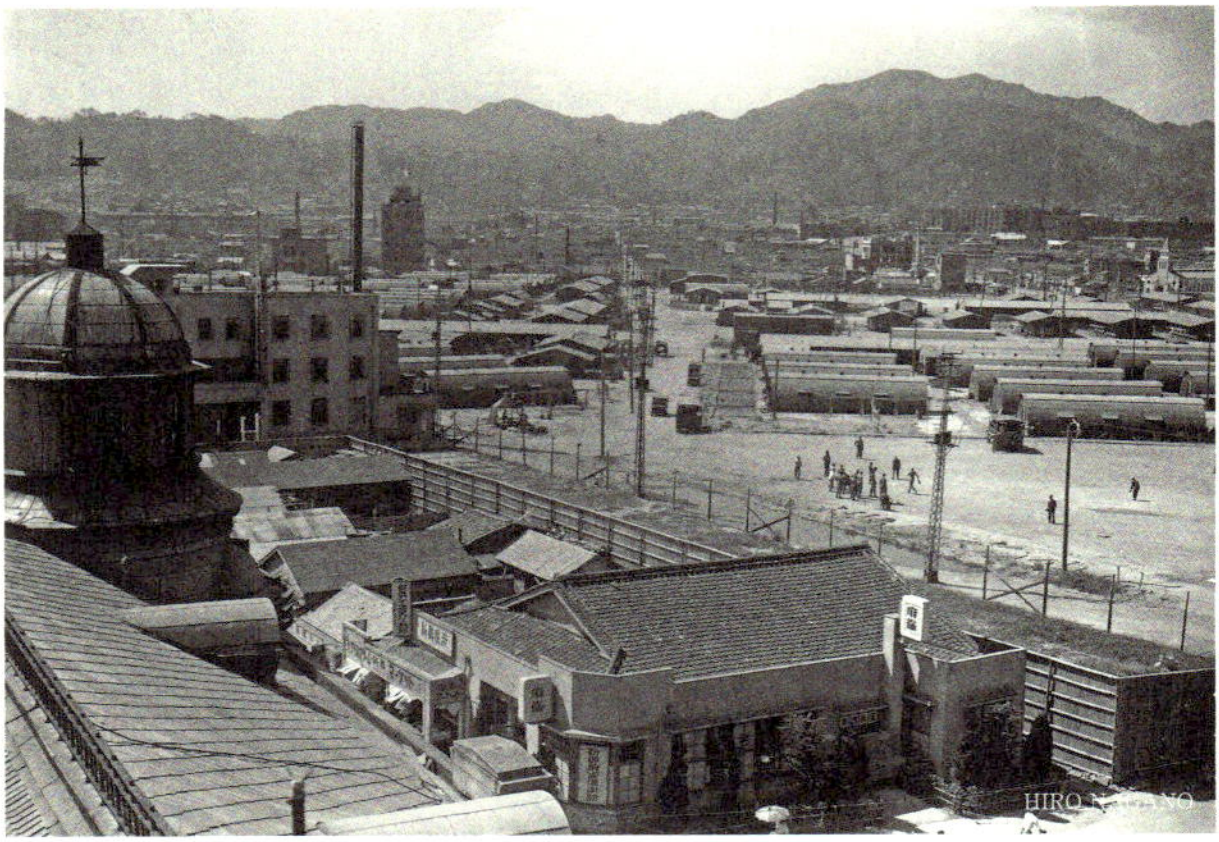

図 5-7　新開地東の “Camp Carver”（1946 年）

図 5-8　GHQ の接収によって JR 三ノ宮駅南部一帯に設置されたイースト・キャンプ

いない。

旧葺合区御幸通、八幡通、磯上通、浜辺通の大部分、磯辺通の一部を含む約31万㎡に、イースト・キャンプは設営された（図5－8）。この広大な敷地は、戦前に小野中道商店街があった御幸通とその南部の磯上通の1丁目から8丁目の戦災者1322戸4662名に対する、1945年末の唐突な立退き命令によって確保された。

12月23日に連合国軍から葺合区役所に対し、同地域に居住しているバラック生活者の移転を命じられた。移転を余儀なくされた戦災者のために、区役所と葺合署の協力による仮収容所の設置や期限延長の交渉があったが、当初の命令通り年末までに各自で移転を済ませていた。

イースト・キャンプ設置に際して同地区への退去命令を受けた当時の住人であった小林正信は、著書『あれこれと三宮』の中でこの立退きについて次のように回顧している。

防空壕から這い出してやっとバラックを建てたのに、昭和二〇年一二月二五日、年内に立ち退くようにとMPと警察官がやって来た。たった六日間の余裕である。敗戦国のわれわれには何の文句をいう暇もなく立ち退かされた。といっても行く先のあてもない。私は一坪のバラックの母屋を荷馬車に乗せ、とりあえず見つけて来た地主の名札の建ってない小野柄通六丁目（そごう東二〇〇メートル）に移って行った。その所に広く散らばっていた、防空壕・バラック住いの人たち一〇世帯程が、小野柄通六丁目の一角に肩を寄せ合うようにバラックを並べて建て、集落をつくった。

（『あれこれと三宮』三宮ブックス、1986年、108頁）

小林は旧葺合区御幸通八丁目に生まれ、戦前から戦中・戦後を三宮に暮らした。戦前、

図5-9　新開地本通りに隣接して設置されたキャンプ・カーバー

小野中道商店街で営んだ「小林酒店」が6月の空襲で焼けたのち、そごう神戸店の20m南にほぼ場所を変えず、バラックを建てていた。

すでに戦中の建物疎開と6月5日の空襲被害によって疎開や避難、資材不足のなかでのバラック住宅の建設等を経験していた住民は、理不尽な強制力を行使する連合国軍の立退き命令にも柔軟に対応し、自助努力で都市生活を続けた。

また、兵庫区古湊通・西多聞通、生田区相生通ほか、一帯の約10万㎡に、キャンプ・カーバーが設営された（図5－9、口絵5）。その立地はJR神戸駅の正面にあたり、他都市から新開地本通りを訪れる人びととの動線を妨げた。キャンプ用地の一帯は、罹災した多聞通商店街と有馬道商店街の一部を含み、それらの再建を阻んだ。

1946年5月末には、新開地東側のキャンプ・カーバーに近接する住宅兼店舗群に対して、衛生、風紀、美観上に支障ありとして連合国軍から注意取壊しが命じられた。この対象は160世帯、約1000名にも及んだ。

戦災者が生活再建のために建設してきた店舗兼住居を守るため、柚久保安太郎を代表とする数十名が神戸市長と兵庫県知事を訪ね、撤去命令の緩和を連合国軍に懇請するように助力を陳情した。その結果、表通りの七十余軒は、キャンプの金網と店舗とのあいだの清掃と、高さ約3・6mの板塀設置を条件に立退きを免れた。

そうして建てられた真新しい板塀は、進駐兵による写真（図5－7）が鮮明に捉えている。撮影は、新開地本通りに焼け残った関電ビルから北西山側を向いていると推定される。手前には「ガスビル」と呼ばれた旧大阪ガス神戸支店ビル（旧神戸瓦斯本社ビル、1937～2014）の北側に隣接する「新興マーケット」の店舗、板塀と、約15mの清掃された緩衝地帯、その金網の先に広がるキャンプ・カーバーの兵舎や活動する黒人兵士たちが写されている。

戦前、新開地本通りの西側には劇場と映画館、東側には飲食店街が立ち並んでいた。同キャンプの設置によって東側の飲食店群の半数以上が立退かされたことは、本通りの場所性が変わっていく一因となった。

このように接収を要求する連合国軍と住民、市政という主体とが折衝するそのせめぎあいの中で、戦後都市空間の使われ方は日々複雑に変化していった。そして、どちらのキャンプの用地も、明治期からの大地主が新市街地に所有していた民有地だった。

市中心部に軍用地のない神戸では、民有地が大規模に接収された。その結果、接収地の返還と市民生活の復興とは不可分だったと言える。

†キャンプ地返還と接収解除地整備事業

神戸ベースのために接収された土地・物件には、占領期のうちに、部隊編制の変化に伴って返還されたものもあった。しかし、二つのキャンプや兵庫のサルベージ・ヤードは縮小されることなく長期に亘って用いられ、1952年4月のサンフランシスコ講和条約発効後に返還が始まった。

神戸市では1952〜1962年度にイースト・キャンプ跡地の税関前地区、キャンプ・カーバー跡地の神戸駅前地区、サルベージ・ヤード跡地の切戸町地区の3区域を対象に、接収解除地整備事業が行われた。これらの地区は戦災復興土地区画整理事業が施行される予定だったが、接収によって区域から除外されていた。つまり、周囲の復興から切り離された場所だったと言える。

1952年8月、神戸市解除跡地審議会が設けられ、「神戸市三接収地解除にともなう整備事業計画」を諮問し、東遊園地の活用、土地利用計画等についての成案を得た。

戦災を受けた民有地がキャンプとして使用されたために、現地で境界を確認できない接収地が多かった。そこで、調達局と神戸市建設局との協議によって、1952年度中に3接収地の現形測量や権利調査等を完了し、調達局からの返還通知後に、市が仮換地《かりかんち》を指定して土地所有者に引き渡してから、土地区画整理事業として街路築造等の工事を行う運びとなった。

1953年4月のイースト・キャンプ約10万㎡の第一次解除を皮切りに、換地設計、仮換地の指定、街路工事等が行われた。その進捗の様子を、増える復興建築との調整に追われていた戦災復興事業とは対照的に速やかに事業が進行したと、担当課はふりかえる。

イースト・キャンプの接収解除は、1954年6月、1956年12月の三次にわたった。第二次解除が行われた翌月の『市政だより』第55号（神戸市役所、1954年）には、接収解除地整備計画に言及する記事が掲載された（図5-10）。

図 5-10　神戸接収解除地整備事業計画図（1954 年）

「接収解除本決まり　貿易センター近く実現」

ながらく接収されていた税関前イースト・キャンプは六月十五日ほとんど全面的に解除された。即ち全面積約九万五千五百坪のうち、昨年四月に約三万八百坪、今回は残りの約五万八千七百坪が返還されたもので、約六千坪が駐留軍のモータープールとして残されただけである。このイースト・キャンプはかねてから港都の一大貿易センターとして計画されていたものであり、神戸港の発展の上からもその解除が待望されていたのであるが、今度の解除により整備が本格的に行われ、工事も着々と進んでいる。（略）整備が終れば懸案の国際貿易会館をはじめ、高層建築がたちならび、一大貿易センター（が）出現することとなる。

これによると、1954年にイースト・キャンプのほとんどが接収解除となり、「貿易センター」としての復興が期待され、街路事業と宅地清掃、そして磯上公園と八幡公園の整備が計画された。また、南部の第一次解除地には、過渡的な土地利用として、その一角に小さな遊園地の〝Coney Island Shows〟が置かれた。

1956年には、御幸通8丁目の角地に「神戸国際会館」が開館した。ここは長くキャンプの正面ゲートが置かれていた場所で、神戸の接収解除地整備の唯一のランドマークと言えるだろう。

イースト・キャンプ向かいの東遊園地もまた、戦後は園地内の南に位置した神戸レガッタアンドアスレチック倶楽部の建物とともに、1945年10月から1952年6月まで接収を受けて"Kobe Base Parade Ground"として用いられた。

戦中に東遊園地北端の広場は防空訓練所とされ、大戦末期には運動場の芝生を掘り返して日本軍に使用された経緯があり、占領期のはじまりによって、用いる主体が日本軍から連合国軍に一変した。このキャンプと旧外国人居留地の一帯は戦後約10年にわたりアメリカ文化の影響を強く受け、整備事業完了後は大規模な区画が整然と並ぶ商業業務街となったわけだ。

新開地東側のキャンプ・カーバーは3つの大規模接収地のうち最後まで接収が続いた。1955年の『市政だより』第68号には「接収解除も間近か　ウェストキャンプに十年目の朗報」としてその返還と、今後の利用を楽しみにする記事が掲載された（図5－11）。

なお、接収解除地整備事業の税関前と神戸駅前の区域は、実際のキャンプ跡地の隣接地も対象とした。戦後、突如としてキャンプが隣接する住環境での生活再建を余儀なくされた周辺住民にとっては、受難の連続だったとも言えよう。

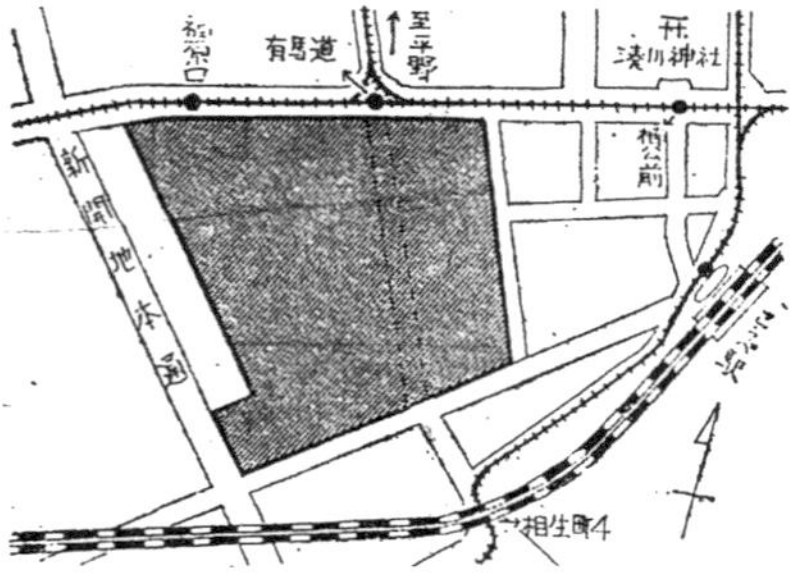

図 5-11　キャンプ・カーバーの接収解除地整備計画図（1955 年）

「接収」による場所性の変化と記録のつなぎ方

「占領」や「接収」の痕跡は、現在の神戸を歩いても見つけにくい。というよりも、ほぼ見つけられない。

神戸市の戦災復興過程に共在した連合国軍は、市民の生活の場を奪ったり、土地・建物の接収によって戦災復興を保留にするエリアを生み出したりと、戦後都市空間の形成に対して影響を及ぼしてきた。

しかし、返還後にはその痕跡はほとんど残されていない。災害や戦災の復興を記念するモニュメントと、敗戦国の記憶を想起させる存在とは意味が違ったのだろう。

戦災復興計画は早期に策定されたが、経済的事情や生活救済を要する人が多く、立退きを伴う区画整理事業はなかなか進まなかった。戦災復興の理想とする都市計画の実現と相反する利害調整はきわめて難しく、事業は停滞していた。

一方、市街地を大規模に接収していたキャンプ用地が返還された後の街区・公園を対象とした接収解除地整備事業は、周辺の木造住宅密集地よりもはるかにスムーズに進んだ。駐留米軍という単一の主体が使用していたために、立退きや換地等の交渉や調整を行う必要がなかったからだろう。

そして、接収された土地は、従前そこに暮らした人にとっては立ち退かされた苦労の象徴である一方で、地権者にとっては地代が支払われ、その返還や換地は地権者と地方行政との問題であった。多数の主体が権利の調整を要した事業ではないために、その記憶も共有されず、継承されてはこなかった。それは、同事業で整備された地区の「場所の記憶」の欠落を意味すると言えよう。

では、痕跡も記録もほぼなくなったまちで、占領期の都市空間について伝える術はあるのだろうか。これからはますます、占領期の資料収集には可能性と限界が生じるはずだ。

ここでいう「可能性」とは、子孫による資料の整理が公開に向かうことで、「限界」とはその整理が廃棄に向かうことを意味する。時間が経って、パーソナルな思い出に紐づく古い物品を作成したり収集したりした当事者の意向がわからなくなってしまうと、それを手放す動きは明らかに高まる。資料として説明することも難しくなる。

近年、私が地域で市民に向けた講演を行う際には、戦時・占領下をご存知の方々に呼びかけるようにしている。大人だった世代の方々からお話をうかがう機会は限られるが、ご両親が撮影された写真帖や手記や集められた印刷物等を持っている方から声をかけられる機会もある。なかには、資料を提供しよう、どこへ寄贈しようかと相談する声もある。

つまり、市民の所持する戦時・占領下の記録を「地域歴史資料」として受け入れる公的な機関があれば、貴重な資料が記憶とともに託され、次世代に繋げられる可能性はある。都市空間の記録と記憶を断絶させず、連続的に解し、愛着を持って育むためには、特定の忘れ去られた時期を生みださないよう、資料の位置づけも含めて検討を続けることが必要と考える。

†「進駐軍」と市民生活

さて、神戸市民は「進駐軍」をどう見ていたのだろうか。前述した市民の聞き取りでも、いくつかのエピソードを聞くことができた。

Uさん（1929年生まれ、女性）は3月17日の空襲で被災して、六甲の祖父の家に行ったが、また8月6日の空襲に遭った。父親が働いていた軍需工場の社員の荷物を疎開させるために借りていた五社《ごしゃ》（神戸市北区）の奥のほうに身を寄せて、終戦を迎えた。偶然にも疎開先の五社で神戸に帰ってくる伝手《つて》ができて、闇市と進駐軍キャンプの目の前に店舗兼住居を建てることになる。

神戸はもう焼野原でなかなか家が見つからなかった。そんなときに父がたまたま五社で、同級生にお会いして。彼が小寺謙吉さんの甥で「叔父さんが、そごう前の土地を持っていて、土地を貸してあげるから一緒に家を建てないか」と言われて、もう飛びつくようにして、そごうの前の本当にもう、イースト・キャンプのすぐそばに店を作ることができました。（略）食糧難はみなさんおんなじだけの食糧難で。あれは何でできていたのか、最後のほうは、本当に、いまやったら豚もイノシシも食べないと思うものが配給されるような。だけど私のところは、1946年の4月に三宮の、いまの神戸で一番いい場所のそごう前に、お店をオープンできたいうのがとても良くて。でもはじめは売る商品もないんですよ。もうとにかく店を開いて商売をしないことにはどうしようもないんですが、わたしのところは商売屋でやってきたので、いろんなものを人から借りたりいろんなものを並べてやっていました。ところが、開店してみて分かったんですけど、すぐそばにイースト・キャンプがあったおかげで、お客さんはほとんど兵隊さんでした。はじめは言葉がわからなかったんですけれども、だんだん慣れてくる。英語は敵国語だからといって2年生で打ち切りになって、ほぼ2年間しか習ってなかったんですけれども、アメリカ兵の使う英語はまったく違ってました。（略）進駐兵の兵隊さんは本当に明るくて、優しい人が多かって、日本の兵隊さんよりずっと優しいなと思いました。

市電筋だった現在のフラワーロード沿いには、戦後すぐから店舗が建ち並んだ。しかし、接収で追いやられた人びとがキャンプよりも西側に集中して、東西で様子は対照的だった。もちろんUさんの父親が店舗を建てた「そごう前」も西向かいの加納町5丁目を指す。

また、Uさんの店の前には、夕方になると「パンパンガール」がずらりと並び、彼女らはイースト・キャンプの兵隊に耳で覚えた英語で声を掛け、「フェアラゴン？（Where are you going?）」「ハツメル ユ？（What's the matter with you?）」というやりとりをしていたという。Uさん自身も商売のために英語に慣れたといい、まさに、環境による必要性こそが各自の才覚や能力を高めたわけだ。

当時、兵庫師範学校の学生だったNさん（1929年生まれ、男性）は、アルバイトとして進駐軍物資の運搬に行った経験を語った。

戦争が終わって1、2年ごろにね。上級生に「アルバイトに行こう」言うて連れていかれましたね。神戸港の第4突堤で降りてきた進駐軍の物資、兵站と言いましたね。これを近くの全館冷凍冷蔵庫の川西倉庫まで運んで行って、それをフォークリフトでバッと上げて持っていくんです。フォークリフトは初めて見て大きなショックで。これでは日本は勝てないと痛切に思いました。

兵站基地だった神戸ベースでは、接収された港湾現場で物資の積み下ろしを行う労働力が求められた。進駐軍労務の日本人が働き、学生も多かったようだ。そこでは、運んでいたものを落として散らかることもあり、バター、ハム、ソーセージ、チーズなど、米軍の充実した物資を目の当たりにしたという。

Nさん（1924年生まれ、男性）もまた、学生アルバイトとしてキャンプ・カーバーに行った経験があった。

進駐軍のキャンプへ1日だけですが働きに行きました。友人が世話役をしていたんですね。朝早く松竹座の前に集まったキャンプ行きのメンバーに入れてもらい、カマボコ兵舎の清掃をしたんですが、宿舎の中は電気は煌々《こうこう》と、暖房はガンガンとついてて。敗戦国民との差を見せつけられました。キャンプ行きの目的は英会話の練習とカマボコ兵舎の見学で、このとき初めてツーバイフォー工法を知りました。

Nさんは建築を勉強していた卒業間近の学生で、アルバイトの日は1946年1〜3月の春休みだった。カメラを持って行ったが、写真の多くはなくしてしまったという。写真帖に残された2枚には、掲揚された星条旗をバックにした姿と、米兵との記念撮影の様子が見られる（図5－12）。

この撮影地は、おそらくキャンプ・カーバー内で唯一の本建築として残っていたビルの屋上である。その接収記録は見つからなかったが、南からキャンプを撮った写真と照合すると、1933年12月に神田有が開業した3階建ての神戸アイススケート場ではないかと

図5-12　キャンプ・カーバーのビル屋上で撮影した進駐軍労務時の記念写真（1946年）

思われる。

二人の学生による経験は、神戸港での運搬とキャンプでの宿舎清掃という異なる現場での労務だった。しかし、そこで見た戦勝国アメリカの機材や物資、エネルギーの供給に、敗戦国日本との大きな差を痛感したと語った点では共通していた。

3　旧神戸経済大学の接収と「六甲ハイツ」

進駐開始後、神戸市内の連合国軍による接収・設営は、①占領拠点となるビル、百貨店、ホテルなどを接収した業務機能、②キャンプ設営や個人住宅などを接収した生活拠点、③家族を呼び寄せるための大規模な住宅地区建設の3段階に展開された。

このうち③は、1946年3月にはじまったGHQから日本政府への連合国占領軍家族住宅(Dependent House)の建設要求を受け、灘区の旧神戸経済大学(以下、旧神戸経大とする)と隣接した広大な土地とを接収し、「六甲ハイツ」が建設された。

焼け跡の神戸の、戦災を免れた灘区六甲台町では、1947年に立派な新築住宅地が出現した。それは、日本人にとっても、キャンプで暮らす進駐兵にとっても別天地のような、占領軍将校とその家族のためだけの空間だった。

ぽつんと山林に所在していた旧神戸経大と占領軍の施設接収をめぐる攻防と、その住宅地開発を見てみよう。

†占領軍家族住宅「六甲ハイツ」の立地選定

神戸ベースの住宅接収は、1946年6月より、塩屋・須磨・御影村(神戸市)、芦屋(芦屋市)、夙川(西宮市)の罹災を免れた個人所有の住宅・邸宅を対象に始まった。加えて、占領軍家族住宅の建設用地も確保され、資材不足のために計画は遅れながらも、1947年から翌48年にかけて設営が進められた。

神戸ベースの占領軍家族住宅は、1947年11月より灘区六甲台町の旧神戸経大の敷地・施設と周辺一帯を接収して「六甲ハイツ」として建設された。現在は神戸大学の六甲台第2キャンパスとなった大学南側、そしてURグリーンヒルズ六甲となった大学西側の約22万㎡の敷地に、住宅・学校・倉庫等が建てられ、最大225世帯が暮らした。

接収対象となった旧神戸経大では、1945年8月20日という早期から接収に向けた対策の検討が始まった。9月末には占領軍の視察や兵庫県渉外事務局を通じた通告がなされたが、10月に神戸基地司令官宛の嘆願書を提出して学長が連絡事務局と折衝し、接収を免れた。

このときは大学の建物の病院への転用が想定されていた。1945年11月に接収された大阪赤十字病院（大阪市天王寺区）と同じく病院・宿舎設置が目的だったと考えられる。1946年1月には再び、学舎を療養所として接収する計画が浮上するが、折衝によって何とか免れた。

3度目の通告は1946年5月、旧神戸経大のキャンパスを含む六甲・鶴甲《つるかぶと》地域を収用し、六甲台には将校用住宅を建設し、その家族の教育・娯楽施設として大学のプール、講堂、運動場、経済経営研究所および図書館を接収するとの主旨だった。

接収対策のための渉外委員会を設置して交渉を続け、7月に講堂およびプールと運動場の一部だけを接収することが決まり、1946年11月29日から施設接収が始まった。GHQ側からは4カ月おきに接収の意向が示され、交渉で2回は免れたが、3度目の全国的な家族住宅建設の指令からは逃れられなかったというわけだ。

学舎と周辺の六甲台エリア接収をめぐる委員会と占領軍との攻防については、神戸大学大学文書史料室所蔵の「接収対策委員会記録」として残されている。その記述から読み取れた、占領軍家族住宅立地の選定経緯の要点を見てみよう。

1946年5月の連合国軍側要求は六甲・鶴甲地域への500戸建設、一戸当たり約1000㎡だった。そして、大学の移転先にはすでに接収されていた湊川公園付近の川崎重工の東山学校（職業教育関連施設）や旧居留地の明海ビルやクレセントビルが示された。

これに対して大学側は全面的拒否を掲げ、六甲台の代替候補として垂水と王子公園、住吉の3カ所を推薦した。しかし、軍からは、垂水は距離、王子公園は神戸製鋼の煤煙による環境不良を理由に拒否されてしまう。

また、兵庫県の戦災復興委員会と神戸市の都市計画委員会による意見では須磨離宮跡、曾和《そわ》山、御影も代替候補に挙がった。このとき県市には、候補地のなかでもっとも高額な負担となる、250万円という六甲台の水道工事費を避けたい思惑もあった。

この渉外過程で、大学委員が相談した大阪駐屯第94軍政部パーカー教育部長から得た意見も記録に残る。神戸ベースは第8軍第1軍団司令部（京都）の直下ではなく第8軍司令部（横浜）と直結しているため、交渉による現地解決が難しければSCAP（東京）に命令を出してもらうようにという助言だ。

これ以降、六甲台の接収を避けようと、委員会は横浜と東京と神戸との間で動き回ったが、6月上旬には個人住宅の接収への着手や県建築課の測量が始まり、6月10日には六甲台への接収決定が伝えられた。

こうして六甲台の接収は確定したが、パーカー教育部長の助言は、神戸ベースを知る重要な手がかりでもある。ここからも、神戸ベースの位置づけが西日本を占領した部隊（第8軍第1軍団）とは異なったこと、上位組織はSCAPと第8軍司令部だったことがわかる。組織編成は意思決定の構図やルートと切り離せない。誰が交渉相手かを教えてもらったことは大学にとって有益だったはずだ。

また、神戸ベースのクリッチロー司令官は選定の具体的理由を、「日本人に免疫の病気でも米人には容易に罹病し易い故に人糞肥料を施す土地は避けたい」「六甲は神戸、西宮の中間なる故便利である」と語っている。

この時期の神戸市内には、第3章で取り上げた戦災跡地農園が広がっていた。食糧危機のために日本人が必死に耕した都心部の農園は、近隣で占領軍家族が暮らすことを想定すると、衛生面で困った存在とみなされたのかもしれない。

ここでは周辺の衛生環境と執務拠点との距離の2点が重視されたが、一方で、早急に都心の戦災地を確保したキャンプ設営地の選定基準はまるで異なった。同じ米軍とはいえ、家族同伴の士官と下士官兵に与えられた居住環境、衛生への配慮の差もきわめて大きかったと言えよう。

†六甲ハイツの施設配置と建築の特徴

GHQ DESIGN BRANCH JAPANESE STAFF と商工省工芸指導所の編集で1948年に刊行された資料集『デペンデントハウス』(図5-13)には、占領軍家族住宅地区における、道、レクリエーションエリア、居住エリア、景観計画、歩廊の5項目が示されている。

配置計画を担当した近藤義雄によると、「道路は曲りくねったり或は碁盤目の様な計画を避け極力地形を利用して設け、此等の道路により囲まれたブロックにはその周辺に住宅をとり、内部には広場を設けて遊技場とする」ことが「配置計画の基準」として定められた。

　さらに、住宅の方位には夏季の通風と冬季の採光を検討して、区画割をせずに住宅間の距離を平屋正面間は約12m、側面では約7・5mとること、標準計画では住宅の平面図により主室の取り方を決めるが、実施例ではその地方の気象的条件も考慮することが提起された。全国的に整備された占領軍家族住宅（デペンデントハウス）はこれを基本に、敷地の地形や気象条件を考慮した計画だったと考えられる。

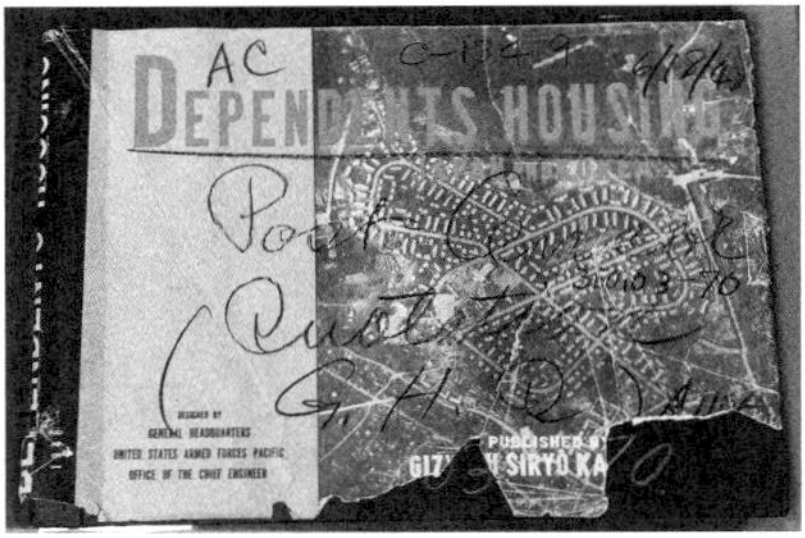

図 5-13　“DEPENDENTS HOUSING”

　神戸ベースの占領軍家族住宅だった六甲ハイツ地区は、急勾配の傾斜地に立地する旧神戸経済大学から見て南部と西部の2カ所の土地を接収して建設された。当時の計画図には、南部を"Lower Site"、西部を"Upper Site"と区分した表記が残る。ここでは、「調達要求書」の附図として残された"Plot plan of Rokko Heights Kobe Base"（図5-14）から、両区域の施設配置や住戸タイプを見てみよう。

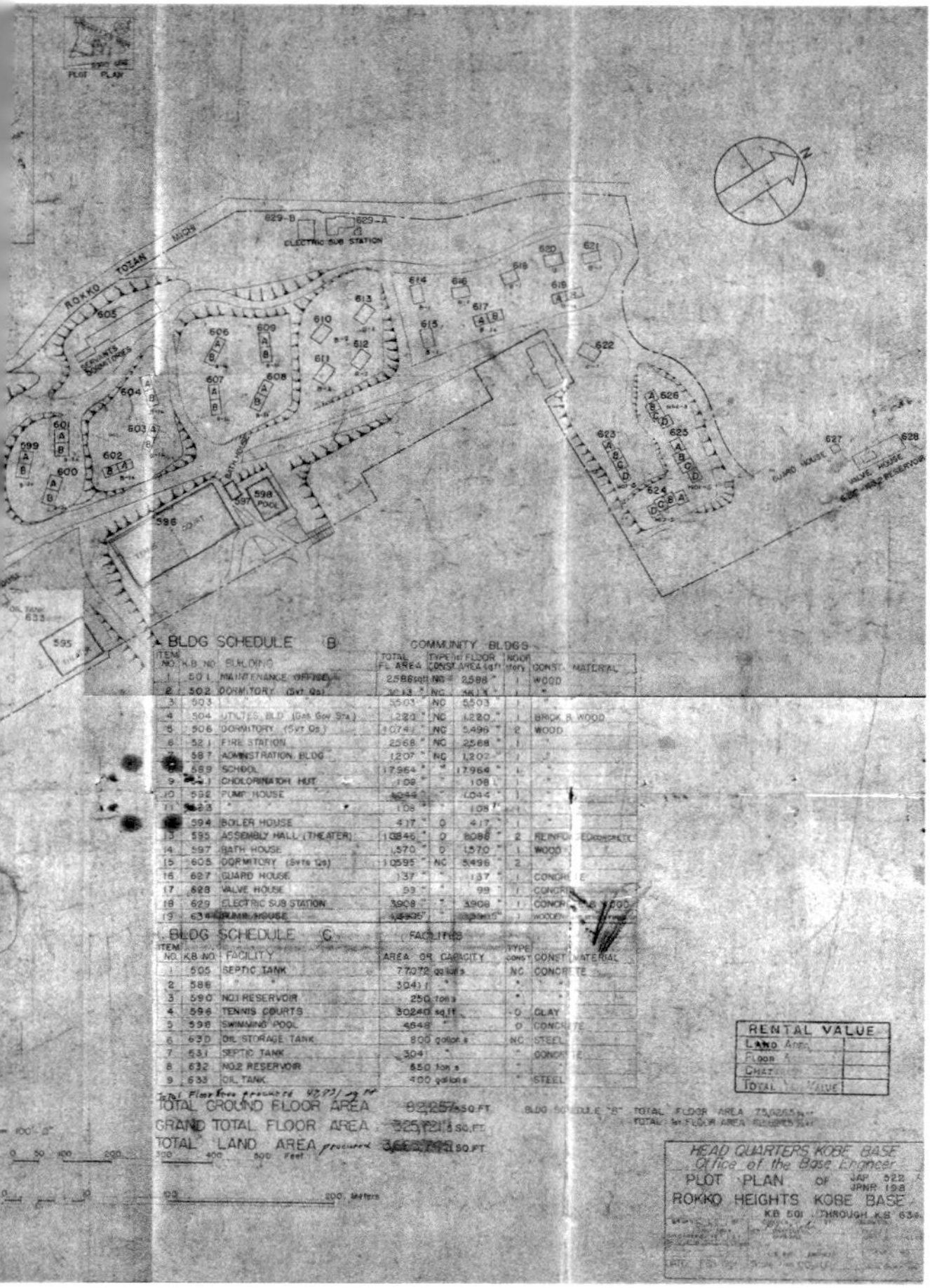

BLDG SCHEDULE (B) COMMUNITY BLDGS

ITEM NO.	K.B. NO.	BUILDING	TOTAL FL. AREA	TYPE CONST	1st FLOOR AREA sq.ft	NO. OF story	CONST. MATERIAL
1	501	MAINTENANCE OFFICE	2,586 sq.ft	NC	2,588 "	1	WOOD
2	502	DORMITORY (Svt Qs)	[illegible] "	NC	[illegible] "	1	"
3	503	" "	5503 "	NC	5503 "	1	"
4	504	UTILTES BLD (Gas Gov Sta)	1,220 "	NC	1,220 "	1	BRICK & WOOD
5	506	DORMITORY (Svt Qs)	10741 "	NC	5,496 "	2	WOOD
6	521	FIRE STATION	2568 "	NC	2,568 "	1	"
[illegible]	587	ADMINISTRATION BLDG	1,207 "	NC	1,202 "	1	"
[illegible]	589	SCHOOL	17964 "	"	17964 "	1	"
9	[illegible]1	CHOLORINATOR HUT	108 "	"	108 "	1	"
10	592	PUMP HOUSE	[illegible]	"	1,044 "	1	"
11	[illegible]3	" "	108 "	"	108 "	1	"
[illegible]	594	BOILER HOUSE	417 "	0	417 "	1	"
13	595	ASSEMBLY HALL (THEATER)	10846 "	0	8088 "	2	REINFORCED CONCRETE
14	597	BATH HOUSE	1,570 "	0	1,570 "	1	WOOD
15	605	DORMITORY (Svts Qs)	10595 "	NC	5496 "	2	"
16	627	GUARD HOUSE	137 "	"	137 "	1	CONCRETE
17	628	VALVE HOUSE	99 "	"	99 "	1	CONCRETE
18	629	ELECTRIC SUB STATION	3908 "	"	3908 "	1	CONCRETE & WOOD
19	634	PUMP HOUSE	[illegible]	"	[illegible]	1	WOODEN

BLDG SCHEDULE (C) FACILITIES

ITEM NO.	KB NO.	FACILITY	AREA OR CAPACITY	TYPE CONST	CONST MATERIAL
1	505	SEPTIC TANK	77072 gallons	NC	CONCRETE
2	588	" "	3041 "	"	" "
3	590	NO.1 RESERVOIR	250 tons	"	"
4	596	TENNIS COURTS	30240 sq.ft	O	CLAY
5	598	SWIMMING POOL	4648 "	O	CONCRETE
6	630	OIL STORAGE TANK	800 gallons	NC	STEEL
7	631	SEPTIC TANK	3041 "	"	CONCRETE
8	632	NO.2 RESERVOIR	650 tons	"	"
9	633	OIL TANK	400 gallons	"	STEEL

Total Floor Area procured 47,971 sq ft

TOTAL GROUND FLOOR AREA 82,257 SQ.FT

GRAND TOTAL FLOOR AREA 325,121 SQ.FT

TOTAL LAND AREA procured [illegible] SQ.FT

BLDG SCHEDULE "B" TOTAL FLOOR AREA 75,626.5 sq.ft
TOTAL 1st FLOOR AREA [illegible]

0 50 100 200 300 400 500 Feet

0 10 100 200 Meters

RENTAL VALUE	
LAND AREA	
FLOOR A[illegible]	
CHAT[illegible]	
TOTAL [illegible] VALUE	

HEAD QUARTERS KOBE BASE
Office of the Base Engineer
PLOT PLAN OF ROKKO HEIGHTS KOBE BASE
JAP 522
JPNP 198
KB 501 THROUGH KB 634

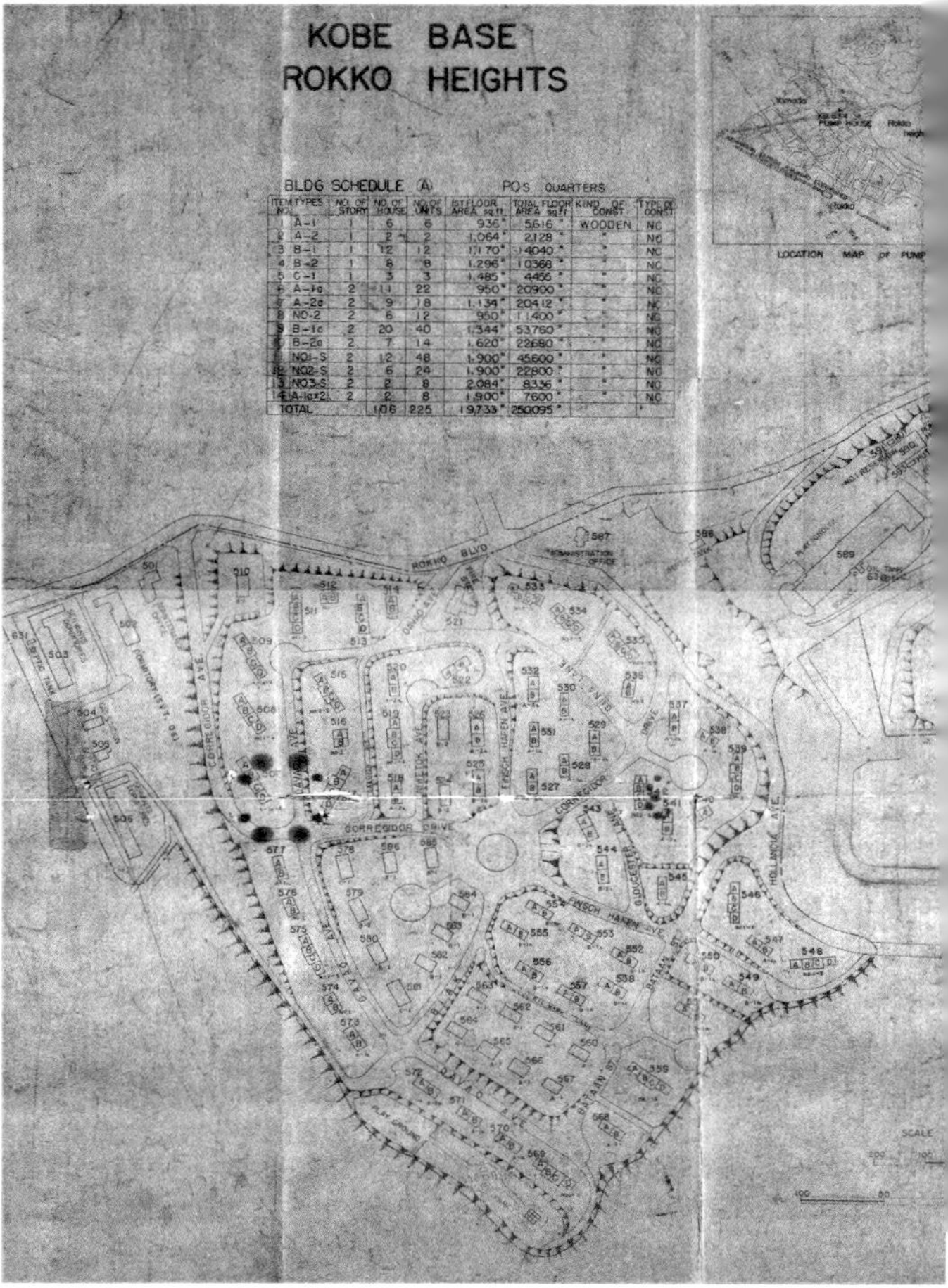

図 5-14 "Plot plan of Rokko Heights Kobe Base"

施設の配置は3カ所に分かれている。
Upper Siteには占領軍専用学舎と校庭、使用人宿舎、変電所、貯水槽、汚水浄化槽、オイルタンク、ポンプハウス等が新設された。また、大学の講堂やテニスコート、プール、更衣室、運動場の一部等は接収された。
Lower Siteには使用人宿舎、ガス・水道関連施設、管理事務所、公園とグラウンド、消防所が置かれた。
主要道路は住宅地区外の"Rokko Blvd."と内部の中央を南西から北に抜ける"Corregidor Avenue/Drive"と想定され、その他の各AvenueやStreetは生活道路として機能した。各施設はいずれも外部からのアクセスの良いRokko Blvd.付近に立地した。
Lower Siteは、グリッドと放射状街区を組み合わせて曲線道路で区切る複雑なブロック配置だった。その中央に、5本の道路と1本のクルドサック（袋小路状の道）を繋ぐラウンドアバウト（環状交差点）のロータリーが設けられた構成が特徴的で、斜面地の地形を利用したプランと言えるだろう。
さらに、主道路から小道を延ばしてブロック内の各住戸に車を付けるクルドサックが採用された。L字の街路の角に膨らみを持たせて、車を止めやすくしたと見られる事例もあった。これらは、歩車分離の意図とともに、車移動が必然の六甲ハイツの立地から駐車スペースを要したことが察せられる。

各ブロックでは裏庭と中庭が確保され、芝生が張られた。配置基本方針で定められた南面採光はおおむね遵守しているが、明らかに南西向きの住宅も数戸見受けられ、斜面地の限られた敷地内に多数の住宅を供給する目的が優先されたと考えられる。

さて、占領軍家族住宅の標準計画で示された一般的な住戸の平面型は9種の基本型からなり、A型（中尉以下用）、B型（佐官用）、C型（多人数用）の3種に大別される。それぞれに平屋と二階屋のバリエーションがあった。六甲ハイツの当初計画では、この単位住宅を組み合わせた連続型の建物が106棟、225戸建設された。

住戸の分布に目を向けると、全体では平屋31棟、二階屋75棟が配され、住戸の平面型はUpper SightにB型、Lower SightにA型が多く、斜面地の標高と職位の高低とが相関していたことがわかる。また、建設はLower Sightから始まり、2期のUpper Sightは1948年5月に竣工した。

基本的に、外壁は耐火・防寒的な立場からスタッコ（化粧漆喰）仕上げ、屋根は材料や生産量の関係からセメント瓦が採用されたが、「外観の変化を与える意味で一部下見板張りとされた処もある」という。実際、六甲ハイツのLower Siteを北から眺めた口絵6からは、外壁の色調が1階と2階とで若干異なる棟も見られ、スタッコ仕上げと白色のペンキで塗装した下見板張りとを組み合わせた例があったようだ。

屋根の形状は寄棟と切妻の棟が混在していて、口絵6から、A型に寄棟、B型とC型に切妻、N型に寄棟と切妻の組合せが確認された。屋根の色彩計画は不明だが、結果的には深緑・緑・橙・茶・黄等の複数の色彩が準備され、隣り合う棟の屋根瓦を異なる色彩で塗り分けた。この彩色のアレンジについては、前述の『デペンデントハウス』においても、「屋根瓦に相当変化を与えて居るため、セメント瓦の乾ききった感じから脱する事が出来て相当落付いた感じを与えて居る地区もある」と評価された。

カラー写真を見ると、六甲ハイツのカラフルな屋根と白い外壁の住宅、芝生や曲線的な街区が、眼下に灰色に煙る神戸の市街地とは対照的な光景として目に飛び込んでくる。当時の日本人にとって見たことのない世界がそこにはあった。

†六甲ハイツの接収解除と神戸大学の統合

占領軍家族の住宅設営のために神戸ベースによって接収された六甲ハイツの敷地は、約

6万9000坪（約21万1570㎡）にも及んだ。

その内訳は、神戸大学正門の南部に位置し、戦時中に県立三中学（県立第二高女、機械工業、第二工業）の用地として確保・整地されていた県有地と山林だった民有地が、どちらも約10万5000㎡でその大部分を占めていた。そのほかに国有地3200㎡もあったが、接収解除の焦点は、兵庫県が六甲ハイツ内の県有地を神戸大学に無償提供することにあった。

その条件には、県立神戸医大と県立兵庫農大を神戸大学に移管することが検討され、神戸大学としては学部をまとめたい意向を示していた。

占領末期の1952年、各地に学部が点在する神戸大学は、六甲キャンパスに統合改組するにあたって大学施設の返還を要望するものとして、学長より特別調達庁大阪調達局長官宛の書簡を提出し、1952年4月10日の接収解除が決まった。

こうして、平和条約発効のタイミングで大学施設は返還されたが、米軍家族住宅の区域は使われ続けた。1954年6月には、イースト・キャンプの接収解除にともなって一部が六甲ハイツに移転した。結果的には、1958年1月にハイツ内のアメリカン・スクール講堂にて式典を行い、ようやく返還された。

図5-15　取り壊し作業中の六甲ハイツ（1958年1月24日）

この返還で、大阪調達局は同地区の121棟255戸の建物について、撤去を条件に競売入札に付したという。民有地は27人の土地所有者に原状復旧した返還が行われることになった。

ところが、米軍が自由に道路などを建設していた結果、各境界が判別しづらく問題になったという。

占領軍家族住宅の建物は、そのまま活用すれば約1500人が住める規模との意見もあった。しかし、生活様式の違いや、住宅付きの土地返還は地主に高額の費用負担を強いることから、水道、電気等付帯施設も含めた全撤去が基本方針となった(図5－15)。

その後、1961年に六甲ハイツ跡の南部

県有地と姫路分校地との等価交換が兵庫県と神戸大学との間で承諾された。そして、総合大学構想として、工学部の六甲台地区への学舎新築・移転に始まり、県立神戸医科大学・兵庫農科大学の国立移管による新学部設置、姫路分校の廃止、教育学部の移転等、学舎施設の整備統合が実現していった。

占領下の神戸は焼け跡だったために、市街地には占領軍将校が住むに足る邸宅はほとんどなかった。だからこそ、神戸ベースの司令官や高級幹部は戦災を免れた東の芦屋市や西の塩屋に住み、将校の家族を呼ぶために市街地から離れた高台に家族住宅地区を建設する必要があったわけだ。

戦災地に残る限られた土地や良好な建築を対象にした接収は容赦なく、市民生活に加えて大学の戦後復興をも圧迫し、遅らせたと言えるだろう。

第6章　終わらない戦災復興事業

第2次世界大戦の戦災被害は全国215都市に及び、うち115都市が戦災都市の指定を受けた。政府は1945年11月に内閣総理大臣の直属機関として戦災復興院を設置し、復興計画の検討が始まった。

神戸市の戦災復興基本計画は、広域かつ多様な都市施設の整備を盛り込んだ計画だった。戦災復興事業は、国の機関委任事務で神戸市長が施行者となり、1947年から旧神戸市域を中心とする6地区で施行され、戦災地を対象にした土地区画整理はおよそ五カ年計画と想定されて始まった（図6-1）。

しかし、1949年のドッジ・ラインやシャウプ税制改正勧告による地方の財政状況悪化などの影響を受けた施行区域の縮小検討もあり、結果的には、1999年の葺合地区の

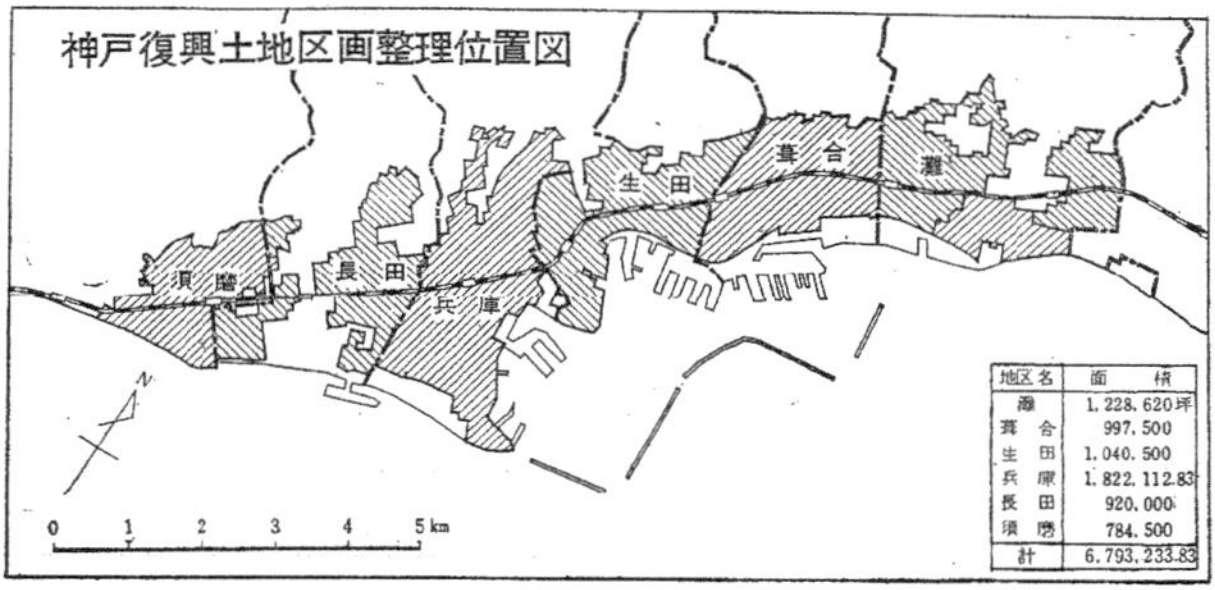

図 6-1　神戸復興土地区画整理位置図

換地処分公告をもって事業の終息となった。

本章では、終戦当時の神戸市が大きく描いた戦災復興構想について、基本計画の策定過程や特徴と展開をもとに考える。

神戸の戦災復興事業は、市街地にきわめて大きな影響を及ぼした。しかし、あまりにも長く続いたがゆえに、根拠法、財源や社会情勢も変わっていったことから、総括的に捉えられてはこなかった。

従来の数的な整理による復興史からはこぼれ落ちた、知られざる戦後神戸市の既成市街地形成の一端を見てみよう。

1 神戸市における復興構想と都市計画

戦前期の神戸では、狭小な市街地に過度な人口集中が生じて無秩序・無制限に膨張し、混乱する都市の諸施設に対するコントロールを図ることとなった。

第2章で述べたように、1919年の旧都市計画法の制定に伴い、神戸市では翌1920年1月からその適用を受けた都市計画事業の施行が始まった。区画整理による面的整備は組合施行に頼り、公共団体は街路や緑地等に該当する地域のみを買収する方法で都市の整備に取り組んだ。

†描かれた都市空間の理想と現実

1922年に神戸都市計画区域を指定した際には、30年後の人口を150万人と想定していた。当時約60万人だった神戸市域の人口は1939年には100万人に達し、周辺9カ町村を合わせるとその読みは当たっていた。

しかし、戦時疎開と大空襲の影響から、終戦時には約38万人にまで減少した。この人口減少は、疎開と空襲で大きく傷ついた市街地の再建を始めるにあたっての推進力になっていたかもしれない。

神戸市の戦災復興土地区画整理事業は、戦前に抱いた東京の帝都復興による理想都市の実現への憧れを引き継いでいた。戦災復興計画という百年の大計を立てて、長期的に新たな技術や財源をもって実現へと向かっていった点にその特徴がある。

1924年に官民合同で発足した兵庫県都市研究会が発行した機関誌『都市研究』では、神戸の都市計画が論じられていた。元兵庫県営繕課長であった建築家の置塩《おしお》章は、海岸通付近の建築とともに公園緑樹帯を整備して美観地区としたいというイメージを持ちつつ、「理想と実際とは一致しない場合が多いのは何時の時代でも同じことである」（1933年8月号）と述べた。

この頃の神戸市は、国際貿易港としての発展と商工業の発達が招いた人口過密によって都市問題を抱える、まさに近代都市たる様相を呈していた。この状況を受けて、市域拡張や道路整備、そして「文化施設」の整備などが論議されていた。ただし、ここで求められた文化施設とは下水処理や道路の清掃などの衛生関連施設・取り組みの改善を意味した。

また、同時期に都市計画兵庫地方委員を務めた兵庫県医師会会長の山本治郎平《じろへい》は、「彼《か》の関東大震災の如き大災害の起らない限り、理想として描く所の文化都市を建設するなどと云うことは至難のことであるに違いない」（1933年5月号）と語った。1923年9月に起きた関東大震災からの帝都復興は、大規模な土地区画整理を実現した例として神戸からも注目を集めたことがわかる。

山本は、1889年に日本初の結核サナトリウムの須磨浦療病院を開設した鶴崎平三郎の同窓で、鶴崎に勧められて神戸に医院を開業した。外国人の治療もする日本人医者として、衛生的な生活のために畳を取り除くなど、衣食住とも西洋人と同じ生活を送った。そして、神戸市内に中流以上の住むアパートメントを造りたいとも語ったように、衛生的な住居のあり方にも意見を述べていた。

山本は日本医師会副会長と兵庫県医師会会長を務め、1915年に神戸市立東山伝染病院長の天児《あまこ》民恵《たみえ》と乳酸菌製剤の「ビオフェルミン」を開発し、鶴崎と起業家の高津英馬《えま》の4氏による組合事業として製造をはじめた。1917年には株式会社神戸衛生実験所を設立し、販売は武田薬品工業株式会社が手掛けた。戦前の神戸で生まれた乳酸菌整腸薬のビオフェルミンは、現在もよく知られている。

図 6-2　神戸市戦災復興委員会総会

†神戸市戦災復興基本計画の策定過程

神戸市は1945年11月1日、神戸市規則第165号をもって神戸市復興本部を設置し、第10代神戸市長の中井一夫（1889～1991）が本部長となった。

復興計画策定に関する市長の諮問機関として有識者を集めた復興委員会を組織し、第1回委員会が1945年11月に開催された。同年12月30日の国の戦災地復興計画基本方針の決定を受け、本委員会5回と10専門部会の審議立案によって神戸市戦災復興基本計画要綱が決定した（図6－2）。

1946年7月10日に『神戸市公報』紙上で、市民に向けてその全文が発表された。そこでは「街路が決定しないと、復興事業は一から進まない」と述べられ、街路計画と区画整理は神戸の戦災復興の根幹をなした。復興委員会の専門部会は、第1部会が総合計画と戦災地処理、第6部会が地区と街路を審議した。以下では、その審議過程で重視された点を見てみよう。

1946年2月22日の各専門部会において、第1部会では復興基本計画の審議として、都市の性格、規模、港都中心地域の設定について各委員の質疑応答が行われた。それによると、「国際港都としての市域の拡充、職業構成、交通状況等を考慮し、都市施設の完備を適正配置とともに、貿易、海運、商工業の中枢地と観光文化の都市として復興計画を進め」ることが挙げられた。

そして、第6部会によって戦災地土地区画整理要領と街路計画要綱が定められた。前者は、罹災地区よりも広域な区域を設定して必要度の高いところから区画整理を行うこととし、5カ年継続事業として1億2000万円が見込まれた。後者では、幅員25m以上の幹線街路と、四大幹線（中央幹線、海岸通幹線、山手幹線、山麓道路）が提起された。

3月16日の第3回復興委員会総会では、神戸市復興基本計画要綱と街路計画要綱が定められた。ここでは総合計画の検討にあたった第1部会の総意として、①東部五カ町村（本庄村、本山村、魚崎町、住吉村、御影町）や西部の明石郡、北部の山田村と有野村と有馬町の速やかな合併、②国庫補助だけでなく県による「可及的高率ナル補助」の要望の2点が述べられた。

また、第6部会は街路計画について、①中央補助幹線（小野浜線以西）の拡幅、②須磨連絡幹線の拡幅、③四大東西幹線の連絡線の増設、④従来の都市計画路線の補助路線計画としての維持、⑤播州との連絡道路の想定、⑥一ノ谷（須磨駅以西）の交通輻輳《ふくそう》地点の改善、の6点を希望事項とした。

戦前、1927年に始まった街路計画は、神戸の市街地の地形から検討され、山手・中央・浜手の三大幹線と、補完する東西線とこれらを南北に結ぶ補助幹線を中心とした街路事業が3期にわたって実施されていた。第3回委員会までは街路計画として、市内を縦貫する東西の四大幹線が挙げられていたが、1946年7月の戦災復興基本計画要綱では、幹線街路のうち東西の路線は「中央、海岸、山手と少なくとも3路線以上」と「山麓道路」が削られた。

終戦当時の神戸市の地形は東西に幅広く南北の傾斜を有しており、東西方面の交通が最重要であったため、従来唯一の幹線であった「阪神国道」を中央幹線として、その南側と北側に浜手幹線（第2阪神国道）と山手幹線が、阪神間の重要な街路として計画された。

また、三大路線を連絡する路線と南北路線の相当線を拡張・新設するものとし、その幅員は、東西線50〜36m、南北線その他は100〜15m、細街路は区画整理などで計画するものと示された。

1946年5月6日、戦前の計画を廃止して幹線58路線を決定、そして8月14日には主要幹線街路の交差点や国鉄駅前への広場の設置、既定計画中の16路線の変更、補助幹線街路69路線の追加も告示され、新たな街路計画126路線が樹立された。

そして、早急に図上決定や全市の測量が始まるなか、9月11日には戦災復興事業を迅速に進めるために特別都市計画法が公布・施行された。

†戦災復興事業の見直しによる縮小

しかし、戦災復興事業の着手後には、戦後のインフレの激化や諸物価の高騰、さらには「戦災復興都市計画の再検討に関する基本方針」によって、事業面積や街路計画も縮小を余儀なくされた。

1948年12月に米国政府がGHQを通じて日本政府に指令した経済安定9原則に基づいて、1949年6月24日に閣議決定された同方針は、街路・公園の計画や復興事業を縮小し、都市復興をすみやかに完遂させるよう示した。

同方針では、幅員30m以上の街路は実現性と緊要度を勘案した計画変更を求められた。公園緑地は児童公園、運動場に重点を置くことと、公衆保健・消防水利上や密集市街地内の防火帯としての必要性に応じた帯状緑地の計画変更を求められた。

さらに、復興事業に対しては、区画整理を罹災区域中、交通、消防、防火上特に憂慮される区域に限った施行とし、物件の移転を避けた設計や既存を活用することが求められた。そのなかで、事業の2項は各都市の事業方針に大きく影響したと考えられる。

戦災の比較的軽少な都市又は事業実施の困難な都市については、事業実施の方法を別途に考慮し、復興事業の範囲を圧縮する。特に事業が進捗している都市に対しては、特別な財源措置を考慮して復興事業の促進に資する。

（「戦災復興都市計画の再検討に関する基本方針」、1949年6月24日閣議決定）

つまり、戦災の程度が軽い都市と、復興事業の進捗が悪い都市は事業範囲を圧縮するが、すでに事業が進捗している都市は完了を目指すべしというわけだ。

これを受けて1950年度から各都市で実施された再検討五カ年計画は、戦災復興の達成度に差を生んだ。例えば、早期に事業が進んでいた戦災都市の復興計画は実現し、駅前の50m道路などはいまも残っている。

しかし、1945年12月の基本方針を受けて全国で24本計画された100m道路は、再検討によってほぼ消滅し、名古屋市の若宮大通と久屋《ひさや》大通、広島市の平和大通りの3本のみが実現した。1949年の再検討に関する基本方針までのあいだの進捗の差は、街路計画策定の時期よりも、大都市の区画整理事業を施行するにあたっての区域面積や換地対象者の多さに要因があったのだろう。

神戸市の代表的な例では、1946年7月発表の街路計画で第一に挙げられた南北の広《ひろ》路《ぢ》の「脇浜緑樹線」が、見直しによって幻の100m道路となった。起点の葺合区（現中央区）脇浜町一丁目から終点の同区坂口通一丁目まで、灘区と葺合区との区界の西側を走る道路として、神戸市緑地設定計画要綱の帯状緑地の一つにも位置づけられたが、1948年5月および1949年5月の計画変更で50m幅員に変更された。

結果的に、広路としての脇浜緑樹線は廃止され、JR神戸線と並走する阪急神戸線の北側から主要地方道長田楠日尾《ながたくすのきひお》線（旧市電石屋川線）までの範囲を王子南公園（テニスコート

図6-3　戦災復興事業に着手した時期の脇浜緑地

と公園）とし、ＪＲの南側、旧神戸臨港線から国道2号線の間を脇浜公園として都市計画決定することとなった（図6－3）。

街路整備はなされず、区界の二つの近隣公園等となった現在の姿を見ると、戦災復興計画で描かれた帯状機能は理想に終わったと言えそうだ（図6－4、6－5）。これらは戦災復興事業再検討五ヵ年計画等の影響で廃止になって、都市公園としての設置に切り替えられたものと思われる。

さて、こうした街路計画の縮小・廃止は複数見られた一方で、この時期の神戸市では、戦前から継続した水害復興事業としての道路計画や、街路拡築・改良工事も行われていた。また、復興に向けた土木工事として、既成市街地の焦土

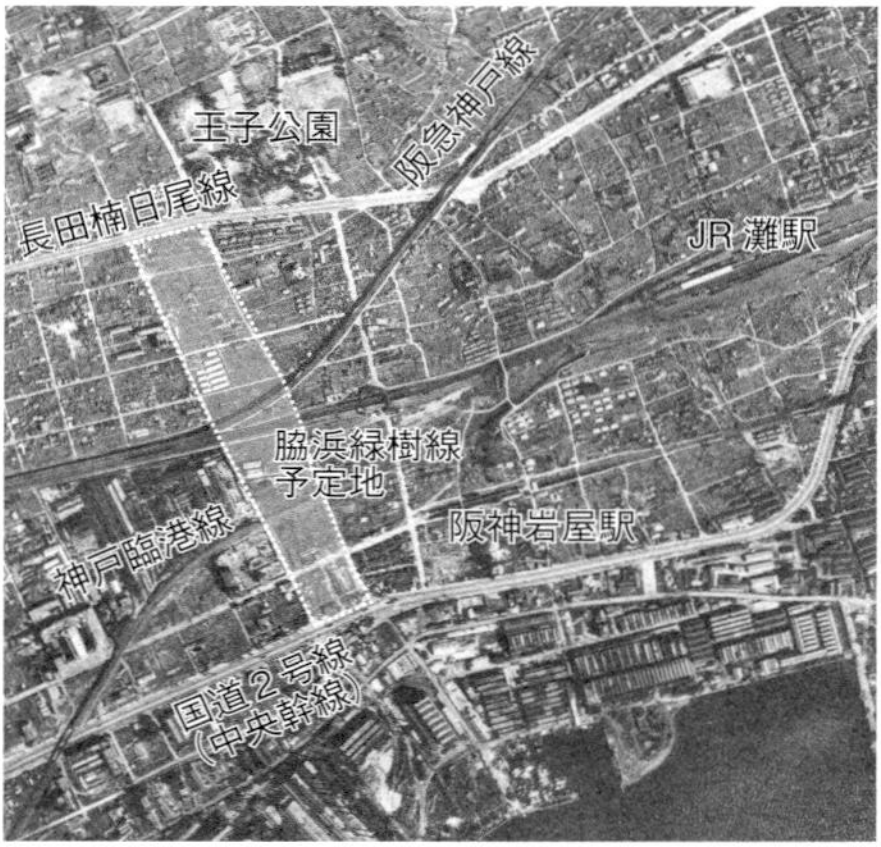

図 6-4　脇浜緑樹線の計画予定地（1948 年）

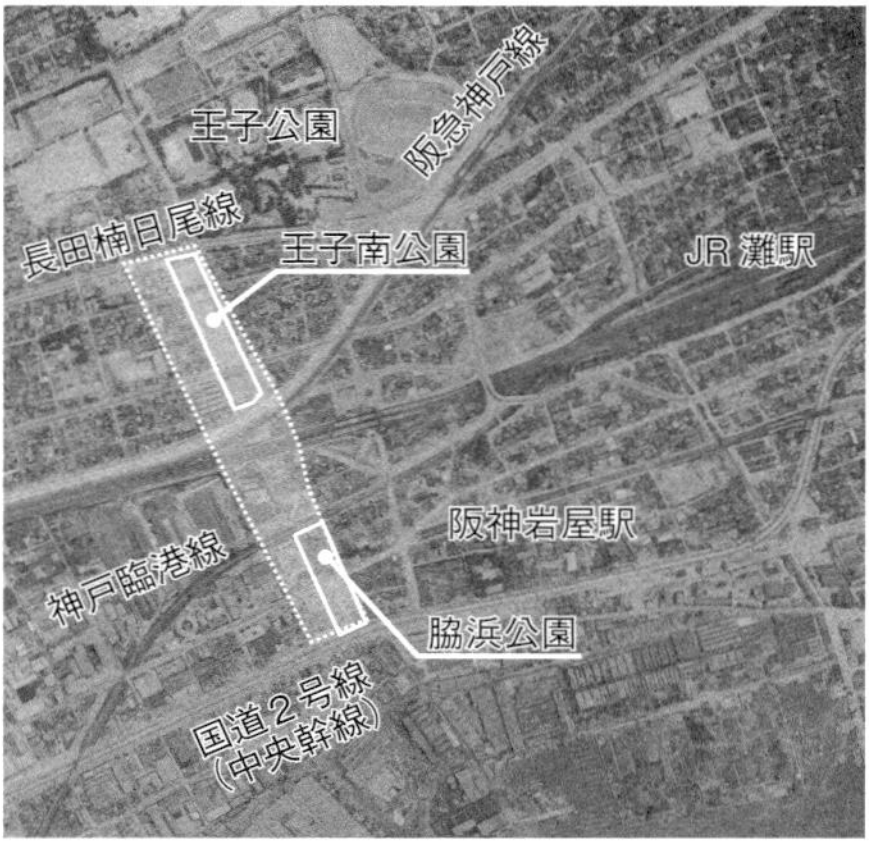

図 6-5　王子南公園と脇浜公園（1961 年）

に埋まった溝渠《こうきょ》の土砂浚渫《しゅんせつ》と舗装道路の補修、横穴式防空壕の埋戻し工事に追われたほか、1947年度の10ヵ町村の合併による新市街地の道路工事も各地で始まっていた。

†神戸市の戦災復興施策の特徴

神戸市の戦災復興施策の最大の特徴は、戦災地全体に近い市街地面積の約7割を対象にした区画整理方式による整備を始めたことだろう。従来取り組んできた用地買収による街路整備のみでは戦災復興は難しいという判断から、戦災復興土地区画整理事業を広域に実施することとなった。

終戦後まもなく行われた六大都市の土木局長会議では、戦災復興院の指令であった区画整理方式による道路・宅地・公園の整備に対して意見が分かれた。東京・横浜・大阪は消極的意見、名古屋・神戸は積極的意見、京都は非戦災のため中立だったという。

神戸市では、関東大震災の記録誌を参考に区画整理を検討した。戦前に語られていた東京の帝都復興による理想都市実現への憧れは、神戸市の戦災復興へと引き継がれた。地域全体を対象に区画整理の網をかけ、隣接町村の合併による市域拡張、港湾の拡大と埋め立て、道路の拡幅、高速道路や神戸高速鉄道や市営地下鉄の計画等を含む10の各論を束ねた計画が立てられた。

この基本計画は、中井市長のもとに原口忠次郎《ちゅうじろう》復興本部長（1889〜1976、のちの第12代市長）、神戸市復興委員会の事務局責任者となった宮崎辰雄（1911〜2000、のちの第13代市長）らによってまとめられた。

区画整理施行にあたっての方法や順序を市民に伝えた文章には、当時の市復興本部が戦後の神戸の街に抱く問題意識や思いが表れている。


（前略）この度は戦災地を中心とする所定の地域一本として区画整理を実施し、この公共用地を捻出し、併せて戦災地の清掃を行い整然とした区画割を作り宅地を造成することとなった。それには過去のように自分の土地であるから勝手に使用して差し支えないとか、自分は従来商人であるから自分の土地で商店を開いて何が悪いか等と、銘々自分勝手なことに使用したり建築をしたのでは、街の美観は勿論、大都市としての品格もなく、無統制極る現在御覧の通りの非衛生なマッチ箱式建築物の乱立と、交通地獄によって死亡率の高い都市になってしまうことは明瞭である。市民各位の御協力と御援助をまって始めて立派な都市として復興が可能なのである。（後略）

（『神戸市公報』号外、1946年7月10日）

ここには、都心部の区画整理の妨げとなるだろう例や、当時の都市問題の最たるものであった衛生面や交通混乱への懸念が具体的に挙げられた。終戦からの1年間は、復興基本計画策定の傍らで、都心には闇市が広がり、人びとは従前の居住地にバラックを建てて生活再建に励んでいた。しかし、戦災地全体が区画整理対象地となることで、のちの移転を前提にした仮住まい生活が定められることとなった。

1948年8月当時、復興部長だった宮崎辰雄は要綱の原案を書いた立場から、「神戸市再建と戦災復興都市計画事業」（『神戸市公報』第93号、1948年8月15日）を次のように語った。

神戸市の戦災被害について、「開港以来近々八十年間に急速に発展した大都市であって、市街は自然発生的に無秩序、無計画につくられ、その為に道路幅は狭く、街並は整わず、公園空地は少く、ビジネス・センター及び公共の建物以外は木造建築が多く、その上家屋は密集し、人口密度は六大都市随一といわれていただけにその被害を一層大きくした」という。その過密の実態として、戦前の人口が100万人を超えていたことと、終戦直後に

市別	男性（人）	女性（人）	計（人）	市域面積（km²）
大阪	553,697	549,262	1,102,959	187.44
京都	407,238	458,915	866,153	288.65
横浜	318,145	306,849	624,994	400.97
名古屋	299,281	298,660	597,941	160.1
神戸	192,388	186,204	378,592	115.05

表 6-1　各都市の人口調査結果（1945 年末）

は約38万人にまで激減したことに言及した。

これは1945年末に発表された人口調査の結果（表6－1）に基づき、同様に戦災を受けた他の大都市と比べても、圧倒的に少ない人口で終戦を迎えていたと言える。また、神戸の既成市街地に対する「自然発生的に無秩序、無計画」という表現からは、焼け跡に発生したバラックなどに限らず、戦前の都市計画そのものに欠陥をみとめていたことがわかる。

そして、戦災復興計画の樹立にあたっては、将来の発展に即応し、かつ本市の有する自然的及び地理的優位性を最高度に発揮し、「特色ある都市聚落《じゅらく》」を建設するとともに、既往の都市的弊害を除去し、都市の能率、保健、防災及び美観を一段と発揚することを、大方針に据えた。

さらに市の将来の性格については、「国際的貿易海運都市」とし、これに附随して商工業都市、文化都市ならびに観光都市としての性格を併せ持つものと設定した。

そのうえで、「一大国際港都」たる規模とするための東西部の市町村合併や、適切な配置の人口量、「近代的都市施設」の備わった大都市を掲げ、各地域・主要施設の建設方針と区画整理事業の実施が定められた。

2　戦災復興事業から都市改造事業へ

全国的に縮小を迫られた戦災復興都市計画を何とか続けようと、さまざまな手が打たれた。1950年7月、神戸市は横浜市とともに、「国際港都」の位置づけを押し出した法案を衆議院建設委員会に提出する。両市の国際港都建設法は何を目的に、どのような議論を経たのだろうか。

さらに、戦災復興土地区画整理事業の拠りどころも変わっていく。1955年以降は土地区画整理法と都市改造事業が成立し、根拠となる法律や財源を変えつつも、神戸市の戦災復興を目的とする区画整理は長期的に続けられた。

†神戸国際港都建設法ができるまで

1950年10月21日に公布・施行された神戸国際港都建設法は、戦災復興都市計画を受け継ぎ発展させたものだった。国会の議決と住民投票による過半数の同意を得て、特別都市建設法の一つとして成立した。この法律の目的は次の通りだ。

第一条　この法律は、神戸市をその沿革及び立地条件にかんがみて、わが国の代表的な国際港都としての機能を十分に発揮し得るよう建設することによって、貿易、海運及び外客誘致の一層の振興を期し、もつてわが国の国際文化の向上に資するとともに経済復興に寄与することを目的とする。

神戸市を「国際港都」として建設する都市計画事業（神戸国際港都建設事業）は市が執行し、国及び地方公共団体の関係諸機関はその事業の促進と完成とにできる限りの援助を与えること、国は必要があると認める場合には普通財産を譲与できること、市長は進行状況を少なくとも6カ月ごとに建設大臣に報告することなどが定められた。普通財産とは、国有財産のうち行政財産（公用財産、公共用財産）以外を指す。

両市の法案は一括議題とされ、提案理由の説明は横浜、神戸の順に行われた。

1950年7月27日の第8回国会衆議院建設委員会第7号の議論では、戦災復興を促進する特別法案のような基準法を制定してから特殊な例を付加するのが妥当という理事の指摘もあった。それに対して法案を提出した元兵庫県会議員の松澤兼人は、広島、長崎、旧軍港、別府や伊東や熱海、京都、奈良等を対象とした特別都市建設法がすでに成立しようとする経緯があるため、国際貿易港の横浜・神戸にも単独法を、と主張していた。

この議論の焦点は次の通りである。

未だに防空壕や焼けトタンの小さな家に住む人びとが多くいる戦災都市が、国際貿易港としてふさわしい衛生の設備や外国人観光客の誘致目的の設備、外国から船が着く都市そのものを国際的な色彩に建設したいというのは、優先順位としていかがなものか。

つまり、戦災復興に向けた区画整理や住宅建設が進められている途上に、窮乏する国家財政に付加的な整備の援助を求めようとする地方自治体の自主性が問われたわけだ。

そして、この厳しい質疑は、事業執行に要する費用について、国と事業執行者との負担の割合に特例を設けようとした法案の第五条（事業の助成）が主因でもあった。審議途中の法案は次の通りである。

第五条　国は、神戸国際港都建設事業を助成するため必要があると認める場合においては、左に掲げる特別の措置をとることができる。

一　国有財産法（昭和二十三年法律第七十三号）第二十八条の規定にかかわらず、その事業の執行に要する費用を負担する公共団体に対し、普通財産を譲与すること。

二　都市計画法第六条の二の規定にかかわらず、その事業の執行に要する費用につき国と公共団体との負担の割合に関する特例を設けること。

のちに建設大臣を務める瀬戸山三男によると、都市計画法第六条の二では国と事業執行者が半分ずつを持つことになっているが、それは機能せず、全国の戦災復興予算がきわめて少ないため、特別都市計画法施行令による十分の八以内という規定で二分の一の補助をしていたという。

この審議では、１９５０年度から復興計画の縮小が始まるなか、前年度に成立した広島と長崎の特別都市建設法には記されなかった、特別の補助率を示す法文案に対して疑義が示された。また、地方自治体の確立という考えから執行権を市長に委ねた第3条との姿勢の矛盾も指摘された。その結果、7月28日に前掲の第五条第二号を削除し、広島・長崎と同じ文面に揃えられた修正案が可決され、31日に議決された。

ちょうど1950年度からは、神戸市内の区画整理を進めるため、建物移転業務として鯉川筋や脇浜緑樹線、三宮駅北側広場（図6－6、6－7）などで強制執行が実施された。

経済復興に伴って市街地には建物が続々と建ったことで、すでに発表している仮換地《かりかんち》の変更が生じ、事業執行は難しくなっていった。前述の通り、市民の復興速度は復興事業の進捗を上回り、闇市からもわかるように、多様なルーツの人びとが交通至便な空地に店舗や住居を建てていた。

そのため、公・民有地境界線を脅かす無許可建築や不法占拠に対する本格的な移転除却の協議は、1948年度に始まった。建物移転事業の増加に対応して補償係を設け、1949年には翌年開催する日本貿易産業博覧会（神戸博）の用地確保のために移転補償課を新設し、都市計画公園としての王子総合運動場や湊川公園の一部が整理された。

特に鯉川筋は、1942年に水害復興神戸計画街路新設拡築事業用地として兵庫県に買収されるも、道路工事未了のまま広場に利用されていた。終戦後にバラックが建ち、住宅

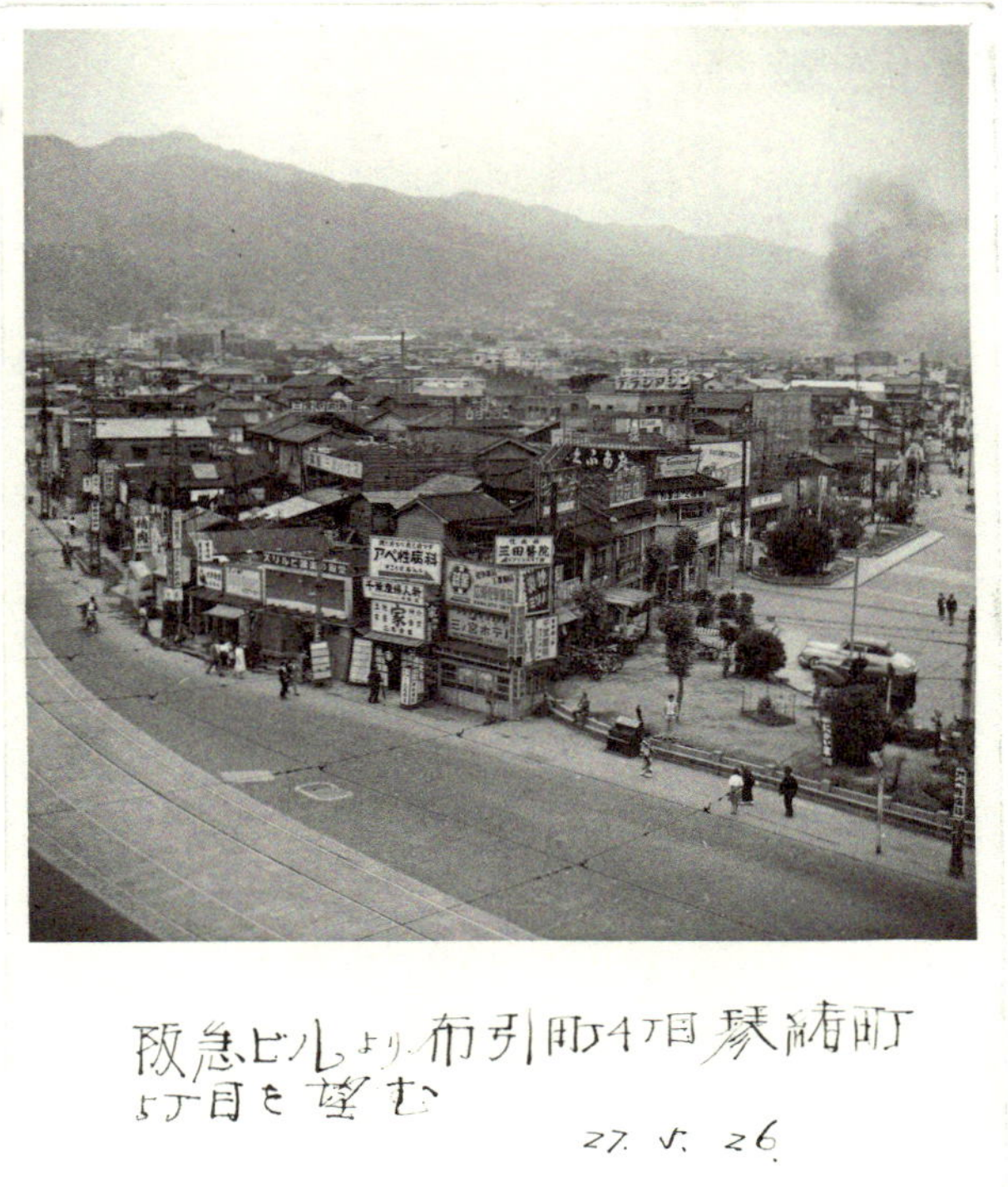

図 6-6　阪急ビルから見た三宮駅北側（1952 年）

図 6-7　竣工した三宮駅北側広場

図 6-8　鯉川筋の強制執行

営団より資材を得た地元民の建築にはじまる鯉川筋商店街が生まれ、自動車も通行不可能な狭路となっていた。

1950年4月に除却を通知するも、「鯉川筋商店街振興会」が結成され、市に反対陳情を繰り返す反対運動が展開された。除却工事の実施通知に対しても神戸地裁へ執行停止命令の申請が出される事態となり、裁判長の調停によって、同年12月末日までを期限とした除却が決定した（図6－8）。

1951年2月に120人の実施隊を編成し、任意除却を戸別に勧告した結果、了承されなかった4戸に対する強制除却工事を実施することになった。これは、神戸市の戦災復興事業による初の集団的強制立退問題だった。

†戦災復興事業の収束と土地区画整理の展開

大幅な縮小にもかかわらず、戦災復興事業はなかなか完了しなかった。前述した1949年の戦災復興事業再検討五カ年計画があっても、1953年にはいまだ67都市で事業中だった。しかし、1955年になると、政府は戦災復興事業の収束を打ち出した。

戦災復興土地区画整理事業の根拠法だった特別都市計画法は、1955年4月、土地区画整理法の施行によって廃止された。それ以後は、土地区画整理法に基づいた行政庁施行の土地区画整理事業として、引き続き実施されることとなった。

また、１９５４年の特定財源化に合わせて、揮発油税を道路特定財源にする道路整備五箇年計画が始まり、こうした国庫補助を活用した都市改造土地区画整理事業（都市改造事業）が１９５６年に創設された。

１９５７年７月決定の都市改造事業基本方針は、戦災復興事業の収束に向けた質的な再検討を意味した。対象地区から主要幹線街路を含む区域と周辺を「戦災関連都市改造事業」として補助採択し、重点的に施行していくことになった。

神戸市では、１９５６年に神戸市復興促進協議会を設置し、国の戦災復興事業費の打ち切り、都市改造事業の開始などを踏まえて、１９６０年に戦災復興事業の収束計画を策定した。

ここでは、１９６５年度の完了を目指して、戦災復興を実施可能な計画に縮小することが掲げられた。主要幹線の早期完成、財政対策や体制の整備、建物移転に対する融資等を計画し、１９６１年には土地区画整理の事業予定面積を縮小した都市計画決定を行った。

こうした事業の切り替えによって、１９５９年に全国各地の「戦災復興事業」は名目上収束したとされる。国は1957年から1963年にわたって、建設省の編集による全10巻の『戦災復興誌』を刊行した。

1948年から、戦災復興院を前身とする建設省の広報課が各局課に資料の収集整理を依頼し、施策・事業を中心に戦災復興の資料を編集・刊行することが予定されていた。この編集には建設省計画局区画整理課があたり、刊行を担った財団法人都市計画協会の会長・飯沼一省《かずみ》は、発刊の辞を熱く語った。

（略）戦後10年の間に、これら廃墟の中から新しい都市が生れ出で、美しく成長して来たのである。西の国なる霊鳥「フェニックス」の故事さえも思い出されて、感慨無量という外はない。これは国および地方が、戦後窮乏の財政状態にも拘わらず、よくこの事業を推進されたことと、また各都市の住民が復興の熱意に燃えて、当局の施策に協力されたたまものというべきである。われわれ日本民族の間に、このような建設力が、しかも禍を転じて福となす底力が潜んで居ったのかと、驚喜の念を禁じえないのである。（略）

（建設省編『戦災復興誌』第1巻、都市計画協会、1959年）

罹災した都市を再建するために、理想的な計画を立てて都市を改造することが望ましいのは誰もが知っているが、実行するのは難しい。しかし、戦災都市が財政的に苦しいなかでも復興事業を遂行したことを、飯沼は、「都市計画史上の一大偉観というべきであり、特筆大書して後世に伝えなければならぬ事蹟」と高く評価した。

一方で、戦災復興事業を実施した112都市のうち、1998年の神戸市葺合地区が、最後の換地処分にあたった。

昭和30年代には都市改造事業として、経済の復興と自動車交通に対応する区画整理が展開された。1959年から4カ年で山手・中央・浜手の三大幹線をはじめとする主要幹線街路を中心とした区域と周辺について、都市改造事業を施行したが、戦災復興事業全体は1965年度には終わらなかった。

昭和40年代になるとスプロールの防止と住宅地の供給が求められ、新市街地の整備が始まった。この時期には、1968年に新都市計画法が制定され、都市計画事業としての土地区画整理事業を規定する法改正も行われた。

そして、神戸市では、昭和50年代にはより質の高い都市整備、昭和60年代から平成にかけてはインナーシティ対策を目指して、土地区画整理事業を展開した。最終的には、市内11地区約2200haで区画整理による長期的な復旧が行われた。

　こうして、平成まで続いていた戦災復興と、1995年の阪神・淡路大震災による被災と区画整理のはじまりとがオーバーラップしていった。

第7章

伸びゆく神戸市の都市整備

戦後日本は経済復興から高度経済成長、そして産業構造の高度化へと向かっていった。しかし、第2次世界大戦による神戸市への影響は、人口減少や市街地の破壊にとどまらなかった。

戦前は神戸に本社を設けたり営業の重点を置いたりしていた企業が、次々と東京や大阪へ移っていった。また、戦後は工場の新設も少なく、日本経済全体の産業や貿易の構造が変わるなか、神戸経済の地盤沈下を食い止める対策が求められた。

戦後の神戸経済を立て直すためには、戦災復興土地区画整理事業の区域に含まれなかった戦前のまちなみにおけるインナーシティ問題や、港湾・工業用地・住宅用地の面積不足を解決する必要があった。戦前から構想された築港計画は戦争と占領によって中断されていたが、1950年代に改めて東西臨海工業地帯造成事業が始まった。

戦災復興を進めつつ、占領期が終わり、新たな時代へと歩みだした神戸市。既成市街地の更新とニュータウン開発を中心に、その代表的な都市整備を見てみよう。

1 都市改造事業の生みだした風景

前章でみた戦災復興に始まる区画整理の展開に加えて、昭和30年代からは新たな市街地の整備が求められた。戦災復興は都市改造事業へと改められ、新たな法整備によって複数の事業による都市再生が進んでいった。

神戸の都心形成においては、市街地整備の3つ目の方法として、土地区画整理法による面の方式、用地買収による線の方式に続き、市街地改造事業による点の方式がとられた。1961年に施行された「公共施設の整備に関する市街地の改造に関する法律」(市街地改造法)による街区の形成は、1969年に制定される都市再開発法に基づく市街地再開発事業の原形だった。

†戦災復興から都市改造へ

１９５５年施行の土地区画整理法によって、都市計画法の特例だった特別都市計画法や耕地整理法の準用を廃止して、新たな法整備による土地区画整理の枠組みができた。都市計画事業は戦前からすでに市が施行していたが、建築行政は県が取り締まるものとして所管が異なっていた。戦災復興事業においても、建築確認をつかさどる建築主事を市に置けるようになったのは１９５５年からだった。

戦前より神戸・大阪・京都・名古屋・横浜の五大市は特別市制を目指す運動を行い、それを阻止する府県との間で攻防が続いていた。特に戦後は民主化の気運から全国的に地方自治の強化を求める声が沸きあがり、１９４７年に地方自治法が成立するも、五大市をかかえる五府県やGHQの方針とのせめぎあいによって、特別市制は実現しなかった。

その妥協の産物として、１９５６年の地方自治法改正で、大都市の特例が定められることになった。府県から大都市に事務移譲された16項目には、都市計画、土地区画整理事業が含まれた。そこで、都市計画法と土地区画整理法に基づいて府県が管理・執行してきた事務を、神戸市が行えるようになった。

こうした法整備と同時期の1958年度に戦災復興事業は打ち切られたが、神戸市ではまったく終わる目途がつかず、「戦災関連都市改造事業」と名称を改めて続けられることになった。

この都市改造事業は区画整理による街路の造成と一体に宅地の利用増進を図るもので、戦災復興にとどまらず、土地区画整理事業、防火建築帯造成事業、防災建築街区造成事業、市街地改造事業などの都市再生事業として展開していった。

†戦後神戸の都心形成

都市の商業経済機能の集積する中心地域を「都心」と呼ぶ。

戦前の神戸市の都心は湊川新開地だったが、戦災と占領を経て、神戸の都市構造は大きく変わった。1965年に策定された神戸市総合基本計画(マスタープラン)では、三宮駅より神戸駅に至る周辺区域を中央の都心とし、東部副都心を六甲、西部副都心を新長田の周辺区域と定めた。

戦後、神戸市役所の4代目庁舎が、1957年に三宮の東遊園地内に建設された。初代庁舎は、現・中央区東川崎町に元・神戸区役所の庁舎として1887年に建てられたもので、市制施行に伴い1889年に開庁した。

2代目庁舎は、現・中央区橘通の地方裁判所の東隣に煉瓦造3階建てで、1909年に落成、1945年まで本庁舎として用いられた。行政組織の著しい拡大は新庁舎を求めたが、増築や新設は難しく、庁舎を分散するほかなかった。

3代目庁舎は、1945年に兵庫区松本通に本庁機能を移転し、市立第一高等女学校の校舎を転用した。

戦後、念願の新庁舎建設にあたっては、候補地が湊川神社北と東遊園地となり、1955年に東遊園地に決定した。1957年4月に地上8階地下1階建ての本庁舎と議事堂・別館が竣工し、庁舎北側には日本で最初の花時計が設置された（口絵8）。

このように、1957年頃は三宮への市庁舎移転とともに、接収解除地整備事業としての神戸国際会館、JR三ノ宮駅南東の神戸新聞会館も竣工し、三宮南部に神戸都心らしさが見えてきた時期だった（図7－1）。

しかし、そもそも前章で取り上げた1946年3月策定の戦災復興基本計画要綱では、「港都中心地域の設定」として行政と産業金融の集積についての立地が描かれていた。行政の中枢地域としては、「神戸駅の正面に当たる大倉山およびその付近の高台に官公衙を

図 7-1　空から見た三宮南部、市役所周辺の発展

集中せしめ」、産業金融の中枢地域としては、「三宮駅を中心とし海岸通に至る地域一帯に諸会社、銀行等の事務所を配置」する計画だった。

つまり、戦後当初は市庁舎を三宮に移すつもりはなかったが、結果的に行政機能も三宮に移す一極集中のプランに変更したわけだ。これには、占領期に軍機能が旧居留地に置かれたことや、東遊園地とイースト・キャンプ等の接収解除による余白があったことも影響していたのかもしれない。

都心・副都心の整備にあたっては、建築物の共同化等による土地の合理的で健全な高度利用を目的として、建築物や敷地及び公共施設などを一体的に整備した。この市街地改造事業では、都市機能の維持・更新のために、建築物の高層化・共同化・不燃化の実現が目指された。

すでに取り組んでいた区画整理は土地の基盤整備であり、建築物の整備は民間に委ねられたことから、土地の合理的利用を進めるのが難しい例もあった。区画整理における立体換地制度が考案されたが、有効に機能しなかった。したがって、立体換地の思想を用いて市街地再開発の視点から新たに体系化したのが市街地改造法だった。

まずは、長田区南部で大橋地区市街地改造事業が実施された。これは同事業のうち全国初の事例でもあり、1961年に調査、1962年から1965年までに腕塚5丁目、大橋5丁目などの区域に神戸デパート、スカイビルなど6棟の建物を建設し、浜手幹線を拡幅した（図7－2、7－3）。続く1966年からは、中央区で三宮地区市街地改造事業として、三宮町1・2丁目の区域を3地区に分け、10～19階建てのビルを3棟建設した。

1970年に第3地区のさんプラザから順に完成し、中央幹線と生田筋線の拡幅は三宮の交通利便を大きく変えた。そして、1968年度に着手した灘区の六甲地区市街地改造事業は、国鉄の連続立体交差事業と併行して実施された。5棟のビルを建設し、1973年にメイン六甲としてその一部が完成した。

図 7-2　大橋地区市街地改造事業の施行前（1961 年）

図 7-3　大橋地区市街地改造事業の施行後（1966 年）

副都心に位置づけられた新長田と六甲道は、どちらも戦災を免れたために公共施設の整備が遅れ、戦前の木造住宅が密集する地域となっていた。また、幹線道路やJRによる地域の分断や交通混乱を解決する必要があった。都心にあたる三宮は、戦後の焼け跡に生まれた木造低層家屋がひしめき、戦災復興土地区画整理事業も権利関係の複雑さがあって進んでいなかった。

この地区の立体高層化によって、JRと地区の間を走る中央幹線を拡幅し、都心部の交通混雑を緩和することも大きな課題だった。全体として同事業は1960年代から1970年代にかけて続き、神戸市内の再開発による都心形成の先駆けとなった。

†不燃防災建築物の建設促進

1961年には、防災建築街区造成法が施行された。同法は、耐火建築促進法に基づく防火建築帯造成を拡充強化することを目指し、地方公共団体や造成組合による防災建築物の整備を促し、防災建築街区を造成するための法律だった。

神戸市では、防災建築街区を「都市の枢要地帯で、防火地域内にあり、建物およびその敷地の整備が急がれる地域」で指定することと定め、その造成事業は土地区画整理事業と

地区	施行区域面積	事業年度	事業費	公共施設の整備
大橋地区	約 2.05 ha	1962〜1965	約 30 億円	浜手幹線、地下道
三宮地区	約 2.97 ha	1966〜1978	約 294 億円	中央幹線、生田筋線
六甲地区	約 1.72 ha	1968〜1978	約 54 億円	八幡線、 六甲駅前線、駅前広場

表 7-1 地区ごとの市街地改造事業

の合併施行で実施された。市内の街区指定は全体13街区、U字型の防災帯を構成する考え方をとり、1962年の元町第1〜第3をはじめとして、1968年の元町第4までの13街区（街区面積約12ha）が指定された。

昭和40年代にこの事業によって多数の防災建築物の整備が進められ、1976年までに33組合が44棟の防災建築物を整備した。湊川、元町、三宮、中山手地区の商店街の近代化や、良好な市街地住宅の建設は、この事業によって行われたといえる。

なお、防災建築街区造成法は1969年の都市再開発法施行に伴い廃止されたが、その精神は再開発事業の個人施行・組合施行に引き継がれた。

前述した三宮地区市街地改造事業では、三宮センター街と中央幹線との間にあたる北側は区画整理ではなく市街地改造事業で整備された。一方、三宮センター街より南側は、区画整理とあわせて防災建築街区造成事業で整備されることになった。公共施設の整備は区画整理で、敷地の整備は区画整理と防災事業で、建築物の整備は防災事業で行い、相乗効果が目指された。

このように、戦後20年が経った神戸市内では、区画整理事業や市街地改造事業、そして防災建築街区造成事業や再開発事業による整備が次々と進んでいった。いわゆる戦後らしい木造バラックの広がる都市風景は、街路拡幅と建築物の高層不燃化によって一新されていった。

†街路整備から「花と緑と彫刻」へ

区画整理や市街地改造による公共施設の整備は、都市の骨格となる都市計画道路の拡幅や街路舗装をなし遂げ、都心に良好な歩行者空間を生み出した。

都心・三宮を南北に走る幹線道路の税関線、愛称「フラワーロード」もその象徴的な例である。市役所4代目庁舎に面するフラワーロードの成立は、区画整理による街路拡幅とともに、三宮地下街「さんちかタウン」と神戸交通センタービルの建設、市立三宮駐車場の造成、市電税関線の廃止（1966年）と深くかかわっている。

三宮地下街は、人と車の分離による歩行者空間の確保と、交通ターミナルとして各交通機関との連絡、商業の振興などを目指して1959年より計画が始まり、第一期は1965年、第二期は三宮駐車場とともに1967年に竣工した。

戦災復興に深くかかわった第13代市長・宮崎辰雄は助役時代から、欧米諸都市での見聞に基づき、都市美や景観といった文化的側面を都市整備に採りいれようとした。1957年に生まれて、神戸市民に愛され続ける三宮の花時計は、宮崎の発案から実現した。これと前後して市役所前の沿道に野外彫刻を展示する企画も発案していたが、市役所内部の賛同が得られなかった。

諦めきれない宮崎は神戸第三中学校（現・兵庫県立長田高校）の1年先輩にあたる柳原義達に相談した。すでに具象彫刻家として著名だった柳原は、1961年に山口県宇部市で始まった宇部市現代彫刻展運営委員会の一員として野外彫刻展に携わっていた。

この彫刻展を主導したのは、美術評論家で当時神奈川県立近代美術館の副館長だった土《ひじ》方定一《かたていいち》だった。土方は日本における野外彫刻の発展を期して、鎌倉市と宇部市の展覧会にかかわっていた。柳原から話を聞いた土方は賛同し、宇部市と隔年開催のビエンナーレ形式で、1968年を第1回とする「神戸須磨離宮公園現代彫刻展」が実現した。

会場となった須磨離宮公園の前身は、皇室別荘の武庫《むこ》離宮だった。しかし、神戸空襲による主要建物の焼失、戦後は連合国軍の射撃訓練場としての接収を経て1956年に返還された。1958年に当時皇太子だった明仁上皇御成婚記念として整備が始まり、1967年に神戸市に下賜された市立公園として開園したばかりだった（図7-4、7-5）。

宮崎の回顧には、彫刻展の会場を公園に設定する発想に驚いたとの記述があり、会場選定においても土方の意見が大きかったのかもしれない。同園を管轄した土木局公園緑地部管理課からは、彫刻設置による庭園の損傷を案じる声も上がっていたという。

なお、宮崎は1960年代に野外彫刻展を発案した際、神戸市役所の公園緑地課（公園部門）と教育委員会（文化部門）とに同時に検討を指示した。各部門はこれを己に対する担当指名と考え、それぞれ企画を推進し、その過程で二者に齟齬《そご》が生じた。結果的には、作品の募集・選考を文化部門、会場構成と設置を公園部門が担うこととなった。また、土方の助言を受けて、同彫刻展のテーマの主軸は「都市と彫刻の共生」と決められた。

さらに、離宮公園現代彫刻展の開催に続けて、神戸市は彫刻設置事業として二つの彫刻の道を整備した。1973年の神戸文化ホールの開館に合わせて、湊川神社西側に整備された神戸駅前西線の歩行者空間「みどりと彫刻のみち」は1988年に完成した。また、1979年からは、ポートアイランドの完成を記念した博覧会「ポートピア'81」に合わせ

図 7-4　開園してまもない須磨離宮公園（1967 年）

図 7-5　空から見た須磨離宮公園

て、「花と彫刻の道」が三宮のフラワーロード沿いに整備された。

シンボルロード建設が緑化事業を経て彫刻設置事業へと展開した経緯は、先例である宇部市現代日本彫刻展とも共通していた。そして、フラワーロード沿いの歩行者空間への彫刻設置は、助役時代の宮崎辰雄が提案しながらも実現できなかった構想だった。欧米視察経験から発案した市庁舎落成記念の花時計が竣工して四半世紀後、宮崎市長が描いた市庁舎周辺の都市整備は、彫刻展を足掛かりに「花と彫刻の道」として結実したと言えよう。

いずれの彫刻の道にも同展の入選作品が含まれていたが、抽象優位の作品傾向にあった同展とは異なり、具象作品が多数を占めた。同事業の運営委員たちは同展と共通していたが、「都市と彫刻の融合」を掲げた当時の街路整備にあたっては、具象彫刻が多く選ばれた傾向にあった。

これは、離宮公園彫刻展の開催当初に作品選考を文化部門に譲った公園部門が、1970~80年代の「彫刻の道」整備の担当として、志向を反映させた結果でもあったようだ。その後に海上文化都市で展開していった街角の彫刻設置では、抽象作品も多く見られる。この作品傾向からは、当時まだ新しい取り組みだった街路整備における都市美の導入に、彫刻観や都市イメージの相克《そうこく》が表れていたのかもしれない。

2 「山、海へ行く」の都市開発

戦後、あらゆる用地が不足した神戸市は、その地形による制約と本格的に向き合いはじめた。選ばれた方法は、海面埋立てと山麓開発による工業用地と住宅用地の創出だった。

そのはじまりは、1949年から1969年まで5期務めて「技術屋市長」と呼ばれた第12代市長・原口忠次郎による構想である。「夢のかけ橋」といわれた本州四国連絡架橋（明石海峡大橋）を1957年3月の市会で取り上げ、「山、海へ行く」のフレーズで紹介された人工島のポートアイランド構想や、神戸国際空港の建設までも見据えていた。

原口は1939年に内務省神戸土木出張所長として赴任して、神戸とのかかわりが始まった。1946年からは戦災復興本部長として百年の大計を掲げ、戦後神戸市の都市整備に誰よりも熱心に取り組んだ。

原口市政を継承して開発行政を進めた第13代市長・宮崎による市政（5期：1969～1989年）では、高度経済成長期、オイルショック、円高不況、構造不況などの波乱に満ちた経済環境のなかで、開発で得られた利益を用いて市民福祉を向上させた。1972年に「神戸市民の環境を守る条例」を制定し、全国初の「人間環境都市宣言」を行い、生活環境（下水道整備）や消費者行政、公害問題などに注力した。

その都市経営は注目を集め、1970年代後半から「株式会社神戸市」と呼ばれるようになった。

†神戸港の築港から海面埋立てへ

神戸港は開港以来、生田川から湊川に至る地先《じさき》の埋立工事を実施し、物揚場、桟橋の修築を行った。その後も一大築港計画は立案されたが、大蔵省に受け入れられなかった。

有名なのは1873年、神戸港長ジョン・マーシャルが兵庫県に提出した築港計画案である。潮流、風向きを検測し、工費30万ドルをもって旧生田川東堤から西は湊川北堤に向かって弓状の防波堤を築き、その中を泊地にしようとする計画であったが、同案も大蔵省の拒否にあい具体化しなかった。

その後20年あまり神戸港の築港が進まなかった間に、1889年に横浜港で大防波堤工事が開始され、次いで大阪港の築港に対する国庫補助の予算案が国会に提出された。紡績

図 7-6　神戸第 1 期修築工事の風景

工業の原料である綿花の輸入港として重要な地位を占めていた神戸港は、1905年に暴風の襲来で海潮の侵入を受け、貨物に多大な被害をもたらした。これを契機に神戸港の設備の改善問題は脚光を浴びることになる。

入港船舶と貨物の取扱高の増加から築港の必要性が高まり、明治20年代から議論が繰り広げられ、1892年には勅令により神戸港の港域が西に拡張されたが、市会案の不成立が続いていた。1904年に起きた日露戦争に際して港湾整備の必要性が認められ、第3代神戸市長・水上浩躬《みなかみひろちか》（1861〜1932）の築港計画立案（「神戸港の現状及改良策」1906年）を契機に大蔵省が動き、内務省の承認を得て、1907年からようやく第一期修築工事が始まった（図7－6）。

同計画によって新港町などで海面を埋立て、第一〜三突堤と第四突堤の西半面などが1922年に竣工した。さらに、1919年には第二期修築工事が始まる（1939年竣工）。外国貿易設備として浜辺通、海岸通などの埋立てと防波堤の整備で第四～六突堤を、内国貿易のために兵庫の埋立てで中突堤と兵庫突堤を建設した。このほか、苅藻島町、日出町、敏馬《みぬめ》、西灘などの埋立てと市域への編入も進んだ。

1945年の終戦時点では、神戸大空襲による港湾の被害に加えて、米軍が敷設した機雷による船舶沈没も相次ぎ、港湾機能は停止状態だった。さらに、占領期には連合国軍が港湾施設の7割を接収した。1952年にはメリケン波止場や第四突堤が接収解除となり、応急修理と浚渫《しゅんせつ》によって港湾機能が回復していった。

占領期の1950年には港湾法が施行された。それまで国営だった神戸、横浜、関門、敦賀の各港は、国営から公営または地方営に管理主体を変更することになった。ここでは、府県管理港湾とするか大都市管理港湾とするかで兵庫県と神戸市が対立したが、結果的に1951年から神戸市への移管が実現した。

港湾法施行令によって神戸港は国の特別重要港湾（現在は国際戦略港湾）に指定され、国もまた神戸港の発展に努力し始める。第6章で述べた神戸国際港都建設法は、この港湾管理の移管と並行して立案され、神戸港の発展に向けた気運と密接な関係にあった。

こうして1950年頃から始まった海面埋立て事業は、第12代市長・原口忠次郎の「山、

図 7-7　東部第 2・第 3 工区の海面埋立て（1963 年）

海へ行く」を掲げた戦後神戸市の港づくりと住宅造成の第一歩だった。原口市政のもと、神戸市は六甲山系と大阪湾に挟まれた地理的条件を克服するために、山を削って大規模な住宅団地を造成し、その土砂で海を埋立てて突堤や埠頭、産業用地、そして新たな住宅地を生み出していく。

戦争で中断されていた灘埠頭の整備は１９５２年に完成し、続いて弁天埠頭も竣工した。接収された港湾施設の代替のために国の直轄事業として着工された第七突堤は、1954年度に竣工した。また、第八突堤を西側、東側に分けて施工が進み、1967年度の完成をもって1907年策定の神戸港修築計画が完了した。

さらに、1963年には神戸港開港90周年事業として、中突堤に神戸ポートタワーが竣工した（口絵7）。これは、原口市長がロッテルダム港の展望タワーであるユーロマストに感銘を受けたことに始まったという。

同時期には、新湊川西部海面や都賀川東部などの東部海面で、市内の不用土砂による埋立ても行われ、神戸の臨海部は大きく様変わりしていった（図7−7）。

†山麓開発による団地造成

神戸市にとって「山、海へ行く」は、まさに一石二鳥を上回る土地開発になった。六甲山系の鶴甲山《つるかぶと》や高倉山からベルトコンベヤーなどを用いて山土を大量採取し、臨海工業地帯の埋立てを行い、さらにその山を削った跡地を住宅地として開発したわけだ。

これは、市街地に迫る六甲山系という地形の制約を打開して、内陸部に公有地をつくりだした画期的な開発だった。そうして生まれた土地には昭和30年代以降、数々の住宅団地が造成された。

そのはじまりは、戦後の住宅難にあった。既成市街地の空襲被害が大きかった神戸では、1945年11月即日施行の住宅緊急措置令によって、焼け残った堅牢建物や校舎・兵舎を住宅に転用する応急対策がとられた。

1946年からは50％の国庫補助で恒久的な公営住宅が建設されたり、県市や住宅営団による住宅や店舗の建設が進められたりしたが、急激な資材不足や地価暴騰などで、都心部における公的な住宅の建設は難しくなった。

住宅供給停滞の打開策として、政府は1950年に住宅金融公庫法を、1951年に公営住宅法を制定した。建設資金の貸付けによる自力での住宅建設を期待した施策だったが、頭金を要することや当選率の低さから利用は伸びなかった。

神戸市でも、戦後は賃貸住宅数の少なさが課題となり、公的な住宅供給が求められた。しかし、1948年頃には、公営住宅の建設用地となる市有地を使い果たしてしまった。そこで、木造から鉄筋高層不燃住宅に建て替えることで供給戸数を増やすようになった。これらの住宅供給の問題を解決するために、大規模な郊外団地、いわゆる「ニュータウン」の建設が始まった。

神戸市のニュータウン造成の一例目は、東舞子住宅団地建設事業だった。1955年に設立された日本住宅公団より委託を受けた神戸市は、1956年より垂水区の丘陵地で土地区画整理事業による宅地造成を行った。この事業は、土地区画整理法を根拠とした土地区画整理方式による住宅団地造成の第一号となり、鈴蘭台団地などにその方法が引き継がれた。

その後は、東灘区、灘区、須磨区などでも、山を掘削した大規模開発が広がりを見せた。1957年度の兵庫県による鴨子ヶ原《かもこがはら》団地、西山団地の竣工に続いて、神戸市による海面埋立事業のための土砂採取跡地の利用として、鶴甲団地、高尾山団地、高倉台団地、渦森《うずがもり》団地などが造成されていった（図7-8）。

こうして市の西北部に生まれたニュータウンと市中心部を結ぶため、地下鉄西神《せいしん》・山手線が1972年に着工された。この年には山陽新幹線の新神戸駅が開業し、三宮との連絡にはバスが用いられていた。1987年に新神戸—西神中央間の全線が開通して、翌年には北神急行電鉄の谷上《たにがみ》—新神戸間開通に伴い、相互直通運転が始まった（図7-9）。地下鉄整備によって駅ビルも付設され、新たな市民の足が生まれたことで、沿線地域の人口は急増した。

図 7-8　高倉台団地を手前に名谷団地を望む（1988 年）

図 7-9　神戸市営地下鉄（新神戸－学園都市）の開通（1985 年）

†海上文化都市の誕生と「ポートピア'81」

先述した神戸市の海面埋立は、1961年からさらに規模を拡大して展開していった。第2期事業では、ポートアイランドと六甲アイランドの埋立てと、総合的な街づくりを目指した須磨ニュータウンと西神ニュータウンの開発が行われた。

二つの巨大人工島は、コンテナ導入による港湾機能の拡大・近代化と、既成市街地に隣接した都市再開発と、新しい都市機能のための空間創出を目的に建設された。コンテナ物流は開港100年にあたる1967年に始まっていた。その変化に対応した港湾物流機能を沖合に展開させたコンテナターミナルとして、人工島は神戸港の港勢に大きく寄与した。

ポートアイランド（図7-10）は1966年から1981年の第1期で、都心に近い職住近接の住宅、国際交流会館、国際展示場やホテル、ファッション関連企業の集積等を図った。神戸の都心・中央区三宮から南へ約3㎞の神戸港海上に位置し、新交通システム・ポートライナーを建設、計画人口は約2万人だった。ポートアイランドの土砂は、須磨区の横尾山や高倉山からベルトコンベアで運ばれ、跡地には須磨ニュータウンの横尾団地と高倉団地が整備された。

図7-10　埋立地・ポートアイランド（中央区）

第1期竣工のまちびらきを記念して神戸ポートアイランド博覧会、愛称「ポートピア'81」を開催した。これは、1600万人もの入場者を集めて、80年代後半の地方博ブームの先駆けとなり、同様の手法は1989年に横浜みなとみらい21地区で開催された横浜博覧会でも採られた。

ポートピア'81のメインテーマは「新しい〝海の文化都市〟の創造」だった。この博覧会は、1970年の大阪万博では東部埋立地への会場誘致を実現できなかった、神戸市によるリベンジ企画でもあった。

1986年から2009年に建設された第2期では、さらに南部の埋立地を整備し、神戸空港の開業と「医療産業都市構想」の推進が目指された。ここでは、1995年に発生した阪神・淡路大震災を受け、震災復興を先導する拠点づくりや新産業への展開が企図された。

また、ポートアイランド沖の神戸空港は、戦災復興基本計画に端を発していた。ポートアイランドの埋立てが始まっていた1969年、運輸省による関西新空港構想では神戸沖か泉州沖かの議論を経て現在の関西国際空港が1987年に着工された。

その後も神戸空港の建設は国の空港整備計画に組み込まれていたが、震災後になると反対運動が一気に高まりを見せ、市長選での攻防や住民投票を経て、1999年に着工、2006年に開港した。

そして、六甲アイランドは、1972年から1992年に建設され、1988年にまちびらきを迎えた第2の海上文化都市である。中央部にはリバーモールを中心にした業務・商業地区、住宅地区、文化・レクリエーション地区、複合利用地区に区分した土地利用が定められ、周辺部には港湾施設と産業用地が配された。

東灘区住吉から魚崎を通った南の海上に位置し、新交通システム・六甲ライナーが建設され（図7－11）、計画人口は約3万人だった。六甲アイランドの土砂を削った跡地は、西区の神戸研究学園都市や須磨区の総合運動公園の一部になった。

図 7-11　六甲アイランドと住吉浜町をつなぐ六甲大橋。世界初のダブルデッキ連続トラス式斜張橋として 1977 年に開通

なお、六甲アイランドの開発ではコンペ方式による民間活力の導入が特徴的で、従来公共が行ってきた事業やサービスの提供を民間に代行させるプライベイト・ファイナンス・イニシアティブ（PFI）の先駆けとなった。

これらの大規模な開発事業は、まさに、神戸市による「山、海へ行く」の集大成といえる。こうした戦災復興から展開した神戸の都市整備は、長期的かつ深刻な課題に対して、大胆ではあるが、きわめて理に適った対策をとった壮大な構想の着地点だったといえよう。

第3部

1995〜2025

神戸にとって忘れることのできない、1995年1月17日。「阪神・淡路大震災」という未曾有の都市災害が発生し、戦後50年間をかけて築いてきた神戸のまちは大きく破壊された。

しかし、すべてが崩壊し、失われたわけではない。その被害の偏在もまた、震災とその復興に始まった神戸の苦労であっただろう。

震災から8日後、1月25日付『神戸新聞』に、陳舜臣の記した一文が掲載された。

「神戸よ」

我が愛する神戸のまちが、潰滅に瀕するのを、私は不幸にして三たび、この目で見た。水害、戦災、そしてこのたびの地震である。大地が揺らぐという、激しい地震が、三つの災厄のなかで最も衝撃的であった。

私たちは、ほとんど茫然自失のなかにいる。

それでも、人びとは動いている。このまちを生き返らせるために、けんめいに動いている。亡びかけたまちは、生き返れという呼びかけに、けんめいに答えようとしている。地の底から、声をふりしぼって、答えようとしている。水害でも戦災でも、私たちはその声をきいた。五十年以上も前の声だ。いまきこえるのは、いまの轟音である。耳を掩《おお》うばかりの声だ。

それに耳を傾けよう。そしてその声に和して、再建の誓いを胸から胸に伝えよう。地震の四日前に、私は五ケ月の入院生活を終えたばかりであった。だから、地底からの声が、はっきりきこえたのであろう。

神戸市民の皆様、神戸は亡びない。新しい神戸は、一部の人が夢みた神戸ではないかもしれない。しかし、もっとかがやかしいまちであるはずだ。人間らしい、あたたかみのあるまち。自然が溢れ、ゆっくり流れおりる美わしの神戸よ。そんな神戸を、私たちは胸に抱きしめる。

これを読むと、私を含め、震災を経験していない人びとも、震災直後の神戸のまちと復旧・復興にあたった人びとの姿やその心を想像できる。

そして、いま、新たな「神戸」を目指して、まちは変化を続けている。

第8章

阪神・淡路大震災と「復興」

戦災復興に始まる都市整備を続けていた神戸では、1995年1月17日に発生した都市直下型地震「平成7年（1995年）兵庫県南部地震」によってあまりにも甚大な被害がもたらされた。地震による災害は突然私たちを襲うが、震災前から形成されてきた地域の文脈が消えるわけではない。さらに、震災後の復興や被災地の暮らしにも影響は続く。

本章では、阪神・淡路大震災から30年が経つ2025年の視点から、震災前後の暮らしの場について当時の状況を概括し、それらの記憶・記録を伝える活動や残された記録について見てみよう。

1　震災の被害と復興

大きな地震の揺れは人的・物的被害を引き起こす。「平成7年（1995年）兵庫県南部地震」は、1995年1月17日（火）午前5時46分に発生した。

震源地は淡路島北部・明石海峡付近の深さ16km、地震の規模を示すマグニチュードは7・3。内陸の活断層である六甲・淡路島断層帯の一部・野島断層付近にエネルギーが溜まり、ずれ動いて生じた都市直下型地震だった。都市機能が集中した地域の近くで発生したために大きな被害が生じた。

兵庫県南部地震によるこの災害を「阪神・淡路大震災」という。

†阪神・淡路大震災の被害

地震による揺れは、兵庫県南部の神戸市、芦屋市、西宮市、宝塚市、淡路島などで特に強く、地表での揺れの強さである震度は最大7を記録した。

図 8-1　阪神高速道路の倒壊

古い木造家屋やビルなどを中心に多数の建物が倒壊し、火災の同時発生によって大きな被害が生じた。１９８１年に建築基準法施行令が改正され、耐震基準が強化されたが、阪神・淡路大震災ではそれ以前に建てられた建築物に被害が集中した。また、神戸市東灘区の阪神高速道路倒壊（図８－１）や、西宮市仁川《にがわ》の地すべりなど、各地で想像もしなかった事態が発生した。

建物の全壊・半壊は約24万棟に及び、このため多数の人的被害が生じた。兵庫県の被害状況をみると、死者数６４０２人、行方不明者数３人、負傷者数４万92人（うち重傷者１万４９４人、軽傷者２万９５９８人）に及んだ。

そして、県下では２５９件の火災が発生した。あまりにも多くの火災が同時に発生して

図 8-2　被災した長田区の鷹取商店街

消火が追いつかず、広い範囲で延焼した地域があった（図8-2）。

被災地では、鉄道や道路が不通になったほか、約260万戸が停電、約127万戸が断水、約85万戸で都市ガスが止まるなど、日常的に市民生活を支えている機能、ライフラインが停止した。家屋やビルの倒壊によって大量の瓦礫が発生し、生活環境が悪化したことに加え、ライフラインの復旧工事の妨げにもなった。

多くの家庭で、電気は6日後に復旧したが、ガスと水道の全戸復旧には約3カ月を要した。ピーク時の避難者数は約32万人にも達した。

†応急仮設住宅の設置

災害で被害を受けた人や、被害を受けるおそれのある人は、最寄りの安全な場所に避難する必要がある。このため、自治体によって一時的な生活の場として避難所が設置される。

大きな震災では、家が倒壊・焼失したり、ライフラインが途絶したり、余震が頻繁に起こったりするため、多くの人びとが避難する。長期化する避難所での生活では、水、食料、生活必需品の提供や、トイレ、風呂をはじめとする居住環境の確保、高齢者や乳幼児といった要援護者への配慮などさまざまな課題が生じ、力を合わせて苦しい生活を乗り切ることが求められる。

そして、災害で家を失った人びとが住宅を再建するには時間がかかるため、自治体から、住宅再建までの仮の生活の場として、応急仮設住宅が無償で供与される。なお、現在は、自治体が民間賃貸住宅を借り上げ、応急仮設住宅として供与する場合もある。

阪神・淡路大震災による避難者は、兵庫県全体では地震発生から6日目の1月23日がピークとなり、1153カ所に31万6678人が避難していた。学校や公共施設などがあらかじめ避難所に指定されていたが、指定外の施設、公園などに身を寄せる人びともいた。災害救助法に基づく避難所は1995年8月20日で廃止されたが、その後もその場所にとどまったり、待機所やテントで暮らしたりする人びともいた。

震災発生後、兵庫県内10市10町に災害救助法が適用された。１９４７年に制定された同法が規定する救助の種類は、衣食住にかかって多岐にわたり、避難所及び応急仮設住宅の供与もその一つである。

応急仮設住宅は県が一括してその建設事業にあたり、被災者に供与することが震災翌日に決定した。建設省の協力のもと、社団法人プレハブ建築協会を窓口とした10回の発注と建設工事が進められ、同年2月2日より入居が始まった。

8月11日には兵庫県下の計画戸数約４万８３００戸６３４団地の建設が完了し、恒久住宅の流用約１万２０００戸とあわせて供与された。また、早期建設のために、韓国、アメリカ、イギリス、オーストラリア、カナダからの輸入による応急仮設住宅３３１９戸12団地が設置された。

また、従来は県の規則によって、救助の実施については知事の権限を市町長に委任していたが、阪神・淡路大震災後は被害の大きさから規則を改正して、平成7年兵庫県南部地震に係る応急仮設住宅の供与に関する権限を県が担うこととした。

したがって、原則として、応急仮設住宅の発注・建設はそのほとんどを県が行い、建設用地の選定・確保や、入退去・維持管理事務については被災市町が行った。被災市町が発注して建設した約9100戸については、県が災害救助費によってその費用を負担し、財産の引継ぎを受けた。

神戸市では3万2334戸（うち市外3156戸）を供給し、2月15日から入居を開始した。この仮設住宅が建設された用地は、家屋被害が大きかった市街地だけでは確保できなかったため、市内で開発が進められていた埋立地や郊外のニュータウンの空き地にも多数の仮設住宅が建設された（図8-3）。

多くの場合、震災前に暮らしていた地域とは異なる場所で暮らすことになり、要援護者優先の抽選で入所したことから、被災前の地域や住民同士のつながりが失われた生活を送ることになった。郊外のニュータウンの暮らしは自家用車での生活を前提としていたため、旧市街地で暮らしてきた高齢者にとっては、駅まで遠い、買い物が不便という日々の暮らしの変化も大きな負担になった。

仮設住宅に住む高齢者の見守りは、民生委員や老人クラブ等、そしてボランティアによって行われた。たとえば、ボランティア団体「神戸元気村」（図8-4）は、灘区の石屋川公園を拠点に災害救援ボランティアの受け入れや炊き出し、仮設住宅に住む高齢者の孤独死を防ぐ見守りなどの生活支援活動を7年間続けた。

図 8-3　六甲アイランドの仮設住宅（1995 年 8 月）

図 8-4　石屋川公園の「神戸元気村」（1995 年 2 月）

応急仮設住宅の供与期間は原則として建築工事が完了した日から2年以内と決められているが、入居者の恒久住宅の再建・移行には時間がかかった。このため3回の期間延長措置がとられ、すべての入居者が退去したのは、5年後の2000年1月14日になった。災害復興住宅が建てられ、移転支援も行われ、応急仮設住宅はすべて解消された。

†人びとの暮らしと復興

家を失った被災者の多くは、避難所、応急仮設住宅を経て、再び恒久住宅を得る苦労に直面する。個人の住宅は自力での再建が原則とされているが、支援があっても再建が進まない地域もあり、その間に人口が減ってしまうこともある。自力で住宅を確保することが難しい人びとには、災害復興公営住宅が供給される。

復興を迅速に進めるためには、法律の整備や支援のしくみづくりが重要である。1998年に制定された被災者生活再建支援法は、住宅再建に対する公的な支援が進むように、その後、改正が重ねられた。住宅の所有者が日ごろから災害時に備える相互の助け合いのしくみとして、兵庫県では、2005年9月から兵庫県住宅再建共済制度（フェニックス共済）を設けている。

阪神・淡路大震災では、約4万2000戸の災害復興公営住宅等が供給された。公団・公社住宅や民間住宅も含めた住宅供給戸数は、約17万3000戸に上った。

住宅が再建され、まちが復興していくなかで、一人ひとりがいきいきと暮らせる地域コミュニティの形成も大切である。日々のくらしでの仲間や生きがいが人びとの活力になる。震災によって移り住んだ先でも自治会や地域活動に参加できるように、住民同士の交流場所としくみづくりや、それらの支援も進められた。各地でまちづくり協議会が立ち上げられ、新しいまちづくりに向かった取り組みが行われた。

また、商店街・小売市場は、被災地域内の半数近くが全半壊または一部損壊の被害を受けた。仮設の店舗で営業を再開しても、地域の人口減少や、経営者の高齢化、大型店の進出などから廃業する商店も少なくなかった。営業の早期再開の支援、まちのにぎわいの創出、空き床・空き店舗対策などのさまざまな取り組みのために、阪神・淡路大震災復興基金が活用された。

早期に営業再開を果たした事例として、震災から5カ月後の6月に、長田では共同仮設店舗の「復興元気村パラール」が開店した（図8－5）。再開発事業の事業計画協議のために設立された久二塚地区震災復興まちづくり協議会が主体となり、地権者と交渉して約

1万㎡を借り上げた。

パラールは、現在の「アスタくにづか1番館」が建つ再開発事業区域（図8-6）の一角で1999年まで営業した。また、事業用仮設の早期供給によって地区に戻れた住民の多くが再開発施設に入居したことから、住民の流出抑制につながったと言える。

そして震災時には、学校の施設が被災したり避難所になったりすることで授業ができなくなる。学校に通えないことで、生活のリズムが狂い、元気を失う子どもたちがいる。避難者を受け入れながらも、学校の早期再開ができるよう、日ごろから行政、地域、学校が共に体制を整えておくことが求められる。

被災した公立学校は、約1カ月後までに授業が再開された。しかし、避難所となっている校舎や、プレハブの仮設校舎で授業を行った例も見られた。兵庫県内の児童生徒も、被災によって約2万6000人が元の学校から離れて転校した。転出先は全国にわたり、家族がばらばらに暮らすこともあった。

地震の揺れや自宅の倒壊、家族を失うこと、死傷者を目の当たりにすることなどの経験は、被災地の子どもたちにも大きな精神的ショックを与えた。心の健康に影響があるとみなされた児童・生徒は、被災地全体で多い年には4000人を超えた。

図 8-5　復興元気村パラール

図 8-6　JR 新長田駅南の久二塚地区（1995 年 1 月 26 日）

学校では、スクールカウンセラーや教育復興担当教員を配置して、こころのケアや防災教育にも力を入れた。被災児童・生徒に継続的に関わりを持ち、安心感を与え、心の健康を回復させようと、関係機関が連携した取り組みが進められた。

2 震災前後の連続／断絶

神戸市では1969年に制定された都市再開発法に基づく市街地再開発事業として、土地の合理的かつ健全な高度利用と都市機能の更新のために、建築物や敷地及び公共施設などを一体的に整備する事業を積極的に進めてきた。1985年に策定した都市再開発方針に基づき、総合的・計画的な再開発を行い、事業施行区域内にとどまらない地域の活性化を目指してきた。

1970年代から90年代にかけて、市や民間の施行で再開発事業を進めてきたが、1995年1月17日に発生した阪神・淡路大震災によって市街地は壊滅的な被害を受けた。

特に、戦後に東西副都心として整備されてきた六甲道と新長田では大きな被害を生み、その回復のために行われた震災復興再開発事業では、公共施設の整備、住宅供給、商業・業務環境の整備に加えて、災害に強い拠点形成が求められた。

†震災前の都市再開発

ここで、震災前の神戸市の都市再開発が震災後に引き継がれた点と変わった点に目を向けてみよう。

神戸市の都市計画においては、1965年にマスタープランとして策定された「神戸市総合基本計画」を長期的・総合的な指針として、都市整備が進められてきた。そして、1985年7月には「都市再開発の方針」を都市計画決定し、再開発候補地区の具体的な調査検討を行い、4種類の地区として、①一号市街地、②課題集中地域、③効果期待地域、④二号地区を指定した。

①一号市街地は、計画的な再開発が必要な市街地として、インナーシティ問題や都市機能の高度化、住環境の改善、根幹的施設の整備、歴史・文化環境の保全整備、公害・防災対策などの課題がある地区が選ばれた結果、既成市街地の大部分が指定された。

②課題集中地域は、整備課題の集中や重複が見られる地域であり、広く面的に指定され

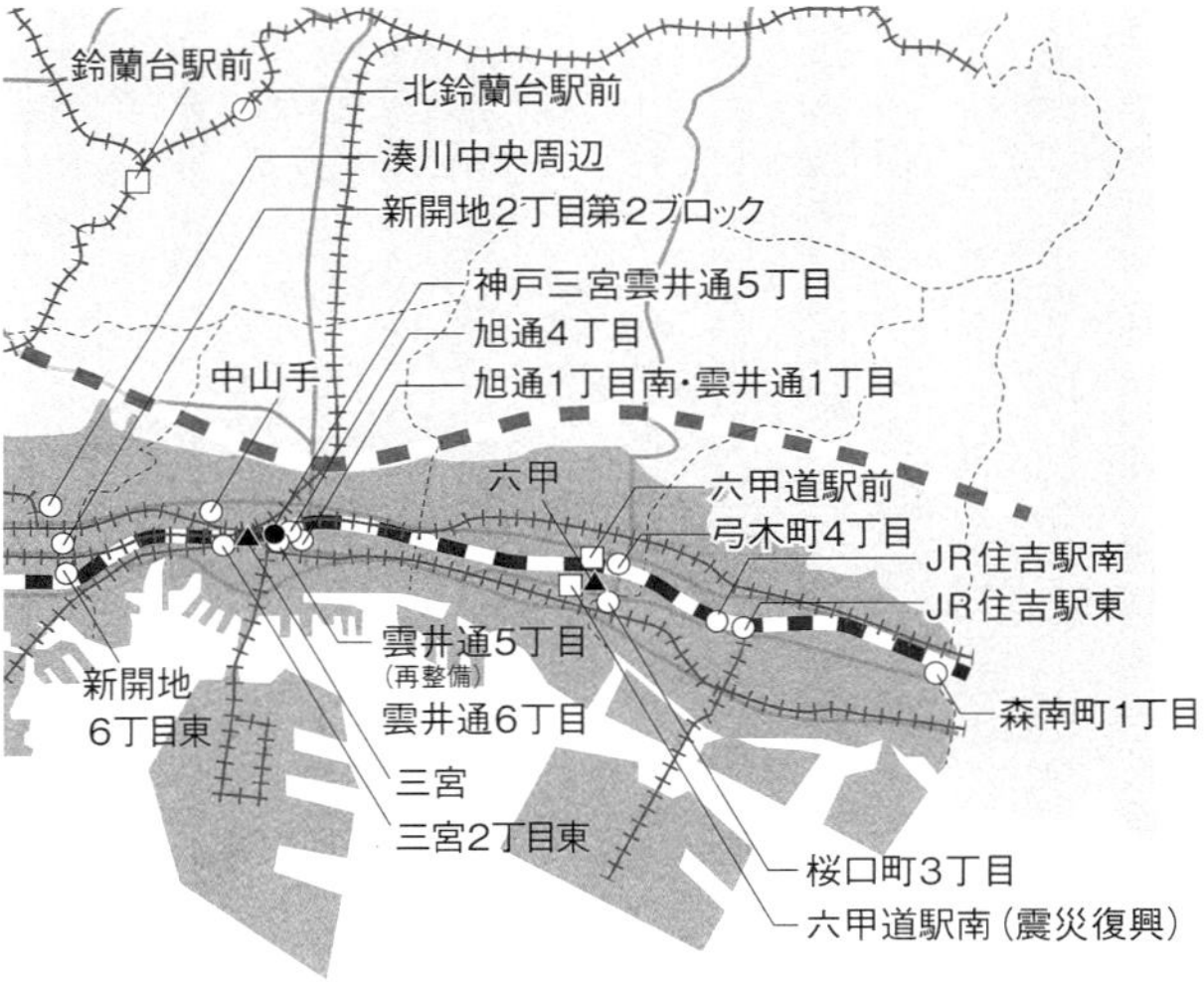

た。

③効果期待地域は、都心・副都心などの大きな整備効果が見込まれる地域であり、公共・民間の各事業により整備を進める18ヵ所が選ばれた。

④二号地区は、③を含む18地区として、事業や地区指定を行っている地区、5年以内に整備する地区が指定された。

前章で見た市街地改造事業や防災建築街区造成事業に加え、1977年には三宮2丁目東地区で市内初めての市街地再開発事業を実施し、現在までに27地区が事業完

図 8-7　神戸市内の市街地再開発事業

了した。そのうち13地区は、阪神・淡路大震災による復興関連の再開発事業である（図8－7）。

†インナーシティエリアと震災

震災による被災の分布を見ると、戦災を免れたエリア、つまり戦災復興区画整理事業が施行されなかった既成市街地を、より大きな被害が襲ったことがわかる。これは、インナーシティにおける災害リスクの顕在化として、全国的に危機感をもって受けとめられた。

第2部でも言及したように、神戸市では戦災復興による都市整備が進んで、さらに都心・副都心から始まった再開発が展開され、戦後40年あたりから老朽市街地の改善が目指されていたさなかに兵庫県南部地震が発生して、手当てが間に合わなかったエリアで甚大な被害を生んだと言える。

戦災復興に始まる区画整理や再開発やニュータウン開発などが進むなか、昭和50年代に顕在化したインナーシティ問題への対応策として、1989年に「神戸市インナーシティ総合整備基本計画」が策定された。「インナーシティ」とは、大都市の都心部と周辺郊外地に挟まれた市街地において、人口・企業の流出に伴う経済・社会・土地利用上の問題が集積し、活力の衰退・低下している地域を指した。

1980年代の神戸市では、三宮・元町を中心とする都心と海上都市を除いた、灘区・中央区・兵庫区・長田区の中・南部と、東灘区・須磨区・垂水区の南部の一部にインナーシティ現象がみとめられた。

特に、市の西側にあたる兵庫区・長田区の南部は住工混在地区と木造住宅密集地区が広がり、地域人口が流出し、インナーシティ現象の進行が顕著だった。1985年時点、長田区の戦前住宅率は29%と群を抜いて多く、空襲を免れて残っていた戦前長屋への改修・改善や、戦後復興期の老朽化した建物の手当てが不充分であることや、土地利用の更新が進まずに過密問題が解決されていないことが課題となっていた。

この計画は、1986年に策定された第3次神戸市総合基本計画を踏まえて、2001年を目標年次として始まっていた。そもそも、なぜ兵庫区や長田区の人口が減って、インナーシティエリアになってしまったのか。

郊外エリアの開発によって持ち家と子育て環境を求める若年層やファミリー層がニュータウンに移ったことで、高齢世帯や空き家に入居する低所得層が増えたと言えるだろう。ニュータウン開発は単なる人口分散ではなく、地域間の生活格差を広げる結果を招いた。

長田区の真野《まの》は、住工混在地区の公害問題とインナーシティ問題に、1960年代という早期から住民主体の運動によって立ち向かった先進事例だった。公害反対から緑化、地域福祉、まちづくりへとその運動は展開され、市がサポートするかたちで進められた。

ただし、真野のまちづくり運動のような住民の主体化は理想的ではあったが、他のインナーシティで真似できるかといえばそうではなかった。

その結果、1989年の神戸市インナーシティ総合整備基本計画の策定では拠点開発型のまちづくり方式が採用され、行政主導である一方で、まちづくり協議会の設立やまちづくりコンサルタントの派遣といった手法を積極的に推進した。

図8-8　神戸西部地域のインナーシティ活性化構想（1993年）

†引き継がれた都市整備

震災前のプランが震災復興として実現した例もあった。例えば、1999年7月にJR兵庫駅南側に竣工した「キャナルタウン兵庫」は、1984年に兵庫臨港線と操車場が全廃された跡地を活用して、1990年度から特定住宅市街地総合整備促進事業として実施されていた（図8-8、8-9）。

同市街地総合事業は、大都市の既成市街地において、インナーシティの活性化や人口定着を図るため、旧国鉄用地や工場跡地などを活用しながら、良好な住宅の供給および道路、公園の整備を総合的に進めるものだった。

1985年度に事業着手された神戸駅周辺地区に続き、兵庫駅南地区ではJR兵庫駅南

図8-9　貨物駅跡地エリアの整備を計画したキャナルタウンの事業用地（1993年5月）

の兵庫貨物駅跡地（約5・5ha）とその周辺地域を対象に、都市型住宅約1700戸、うち貨物駅跡地に約1200戸の建設や、文化・スポーツ、商業業務施設などを併せて整備していく計画だった。同事業は、兵庫南部、長田南部地域の活性化のための先導的プロジェクトとして1990年度から着手し、おおむね10年間で整備を行う予定とされていた。

当初は、①貨物駅跡地を整備して土地の高度利用を図った住宅供給に加えて、②貨物駅跡地の南エリアにおける工場・事務所などと調和した複合市街地づくり、③老朽した木造住宅密集地区の梅ケ香《うめがか》エリアにおける市街地再生事業、④南北道路や歩行者道の整備やイベントを開催できる広場の設置などによる公共施設の整備が計画された。

しかし、実施途中で震災が発生し、制度を住宅市街地整備総合支援事業に転換した。再開発地区制度を活用した神戸市、神戸市住宅供給公社、都市基盤整備公団の3者による共同開発として竣工したキャナルタウン兵庫は、市街地の早期復興として1200戸を供給した一方で、住宅供給以外の複合市街地づくりや市街地再生事業は後回しになった。

†震災復興再開発事業による復興

新長田駅南地区と六甲道駅南地区は、阪神・淡路大震災の壊滅的な被害によって、公共団体施行による震災復興第二種市街地再開発事業を実施したエリアだった。1995年3月17日の都市計画決定を受けて同事業は動きだしたが、発災から2カ月というその速さをめぐって住民と行政との間に摩擦が生じたことが、いまも人びとの記憶に残る。

神戸市の再開発事業の実施は1985年に策定された「都市再開発方針」(2009年改定)に基づいていた。震災復興再開発事業は、震災によって壊滅的な被害を受けた新長田駅南地区と六甲道駅南地区等において実施された。

都心機能の導入とともに、道路・広場などの公共施設の整備とあわせて良好な住宅の供給、商業・業務環境の改善が行われ、災害に強い東西の都心拠点にふさわしい防災拠点として早急な復興が図られた。大規模な区域で合意を得た地区から段階的に施行すること、先行買収希望者や地区外転出希望者に対する用地買収が税制上有利にできることから、第二種市街地再開発事業の手法がとられた。

六甲道駅南地区(5・9ha)は、震災前に神戸市総合基本計画(1965年)によって東部副都心として位置づけられ、JR六甲道駅南側に駅前広場が整備されていたが、その大部分は住宅・商業・業務の混在する低利用地区で、従前700世帯が暮らしていた。震災時、駅前の既存ビルの倒壊や、多くのマンション、木造家屋が被災し、再開発事業区域の全建物のうち65%が全半壊の被害を受け、34人が死亡した(図8-10・8-11)。

1995年4月から6月に4地区のまちづくり協議会が、同年7月には「六甲道駅南まちづくり連合協議会」が設立され、議論を踏まえて住民の意向を反映したまちづくりを目指し、2005年9月に事業が完了した。防災公園として整備した六甲道南公園の隣に灘区役所が配置され、副都心としての機能の高度化と、災害時の防災活動拠点としての機能強化が図られた(図8-12)。

新長田駅南地区(20・1ha)は同様に、震災前に西部副都心として位置づけられ、イン

図 8-10　JR 六甲道駅周辺（1995 年 1 月）

図 8-11　被災した JR 六甲道駅（1995 年 1 月）

図 8-12　防災公園として整備された六甲道南公園

ナーシティ活性化のため、地下鉄海岸線の建設やＪＲ新長田駅南側の駅前広場の整備などが進められていた。

インナーシティとなる前の同地区の成り立ちに目を向けると、新長田駅南は１９４５年の苛烈な神戸大空襲による罹災区域から外れていた。そのため戦災復興土地区画整理事業の対象地区とならず、戦前からの長屋が建ち並び、複数の商店街や市場の賑わいとともにある暮らしが戦後も続いていた。

しかし、市内の復興が進むにつれて、戦災復興で性格を更新できなかった同エリアはインナーシティとして問題化していった。そうした都市形成の経緯に燻《くすぶ》る問題が震災によって一気に表出したと言えるだろう。

特に火災による被害が甚大であった新長田駅前地区は3地区に分けられ、さらに7協議会による地元まちづくり提案を受けて、道路・公園・用途地域の見直し等の都市計画変更を行い、被災者生活の早期再建、拠点性のあるまちづくりを目指して、30棟を超える再開発ビルの完成と駅前周辺の公共施設の整備が進められてきた。地元調整の遅れや景気の低迷が影響して復興事業が長引く同地区では、これまでの1600世帯に対し約3000戸の住宅供給が行われ、事業完了は2024年度が予定されている。

新長田駅南の事業は、「震災の風化」が課題となるほどの長い時間をかけて進められ、当初から、行政の論理の強行や地元住民との不充分な合意が議論されてきた。復旧・復興の初動において公共事業の合意形成にもっと時間をかければよかったのだろうか。

それでも区画整理事業は土地のかたちや権利を動かす整備であって、災害の有無や時間のかけ方にかかわらず、事業前後で街の姿は変わる。換地によって商売していた土地の場所が変わったり、住宅の場所が変わったりして、人の移動が促される変化はやむを得ない。

そして現在、居住者が増加傾向にあること、地域の産業の更新が求められることなどの新たな変化にも対処が求められている。

3　震災の記憶・記録

過去の多様な出来事や要因の積み重ねによって、現在の居住環境はかたちづくられている。災害はその最たる例であるが、その教訓すら被災地内外の意識差や、時の経過による風化によって忘れられてしまう。たとえば、被災経験の記憶と記録をめぐるさまざまな取り組みも、時が経つにつれて変わっていく。

ここでは、記憶を伝える活動、被災地に生まれた記念碑、そして出来事の記録をつなぐ活動・施設、の3項目に分けて紹介し、それらの持続性や継承性を考えてみたい。

†震災の記憶を伝える活動

都市整備や法制度が成立しても、人びとの意識や行動を伴わないと災害対策はなし得ない。そして、経験を繋ぐためには、いくつもの方法がある。阪神・淡路大震災の被災地では、自らの体験を語り、経験や教訓を伝承する活動が数多く生まれた。

図8-13　阪神・淡路大震災記念 人と防災未来センター

兵庫県が国の支援を受けて設置した「阪神・淡路大震災記念　人と防災未来センター」は2002年4月に開館し、公益財団法人ひょうご震災記念21世紀研究機構が運営している（図8-13）。

同センターは展示、調査研究、資料収集等の機能を備え、展示解説や語り部や語学、手話の運営ボランティアが毎日活動している。開館当時から活動する語り部ボランティアは、来館者に被災の体験を伝えている。

神戸市では、学校の授業や自治会などの地域団体が主催する研修・勉強会などを対象に、幅広いキャリアの方が震災当時のことを語る「震災教訓継承語り部派遺」の取り組みを危機管理室が行っている。淡路島で野島断層等を保存する北淡震災記念公園の野島断層保存館でも、震災の語り部による講演が行われてきた。公的な施設以外でも、ＮＰＯ法人等で語り部の活動を続けている人びとが多いことも特徴といえるだろう。

震災の経験やそこから得た教訓を伝えて、今後発生する災害に活かすため未来へ語り継ぐ活動は普遍的である。２００４年10月23日に発生した新潟県中越地震、２０１１年３月11日に発生した東日本大震災、２０１６年４月14日に発生した熊本地震などの被災地でも、その体験と教訓を伝える語り部は生まれた。２０１６年からは「全国被災地語り部シンポジウム」として各地の活動をつなぐ取り組みが続いている。

また、毎年１月17日の追悼行事「阪神淡路大震災１・17のつどい」は、震災で亡くなられた方々を追悼するとともに、震災で培われた「きずな・支えあう心」「やさしさ・思いやり」の大切さを次世代へ語り継いでいくため、中央区の東遊園地で行われている。「神戸ルミナリエ」もまた、１９９５年１月17日の阪神・淡路大震災の記憶を次の世代に語り継ぐ、神戸のまちと市民の夢と希望を象徴する行事である。震災が起こった１９９５年12月、年初の悲しい出来事による犠牲者への慰霊と鎮魂の意を込めた「送り火」として、また、まもなく新しい年を迎える神戸の復興・再生への夢と希望を託し、神戸ルミナリエが始まった。

†触れづらい経験と時の経過

神戸市内の同じ区内であっても被災体験はそれぞれに違う。体験談を聞き災害の記憶を伝えることの意義は大きいが、自身の体験を語るか黙するかには個人差がある。

戦後70年が経つ頃に、語り部ではない人びとに戦争や戦後の記憶を語っていただこうと呼びかけても、子どもの頃の記憶に過ぎないので、と遠慮されたことがあった。体験時の年齢が若いと有益な記憶にならないわけではない。しかし、人は語りを求められると、事実や感情の伝達だけではなく教訓やメッセージを導き出そうとする。

過去の大きな出来事について語り継ぐ活動は、時間が経つとその持続性に注目が集まる。戦争や災害について「語り部」として活動する人びとの多くは、自分よりも若い世代や離れた地域など、その出来事を詳しく知らない人びとを対象に語る。そして、その経験からすぐに活動を始めた語り部の多くは、活動を続けるうちに年齢を重ね、結果的にはその出来事をよく知る人としての稀少価値も高まっていく。

一方で、震災当時から年月が経って、平均年齢80歳と語り部の高齢化が進んでいることは課題となっている。担い手が減ることへの危機感からか、「ユース語り部」や、実際には経験していないにもかかわらず語り部のような活動をする若い世代を育成する動きも見られる。その背景には、実体験を語り継ぐことのできる経験者が減るなかで、「語り」を「継ぐ」ことの方法や意義を検討する動きがある。

体験の記憶を風化させないために人から人へ伝えていこうとする語り部の活動は、ストーリーテリングによる意味の伝承にも近いように見える。ストーリーテリングは、とある物語を語り手が自分の言葉になおして聞き手である子どもたちに語る。現場の雰囲気や対象に応じて語り口を変える点に、読み聞かせとの違いがある。

分析・検証され、考察される対象にする——歴史化する——のではなく、何度でも、いつまでも、印象的な体験談として引用される存在となるのは、出来事の伝え方として理想的なかたちなのだろうか。

また、私たちは語り部の年齢や体験当時の年齢を気にすることはあっても、個々の語り部の「活動歴」を意識することはあまりない。ここで気になるのは、年齢が連帯を生み出すのかという点だ。

同じ年齢で共通の体験をしたことは個人間の親近感に繋がる。その逆に、20歳でも、60

歳でも、語り継ぐ活動歴が近ければ仲間になれる。つまり、自分の体験を語ってきた時間の積み重ねによるキャリアにも意味があるのではないだろうか。

彼らはただ個人の一度の体験のみを振り返って話しているわけではなく、語りを重ねることによって自身の内面が変化したり、連帯による影響が生まれたりしている。そんなことを思う。

†公共空間に託された出来事の記念

阪神・淡路大震災を忘れず、この出来事を未来へと伝えるために、被災地には多数の記念碑や建造物が建てられた。震災を語り継ぐ意思を表す「震災モニュメント」の多くは、さまざまな主体によって生み出された。

その数は2001年時点で158基（図8-14）、現在では把握し得るだけで318基にも上る。それらと追悼行事の多さは、町内会や自治会など各地区の地縁組織が主体となって、それぞれに震災の犠牲を悼み、忘れないようにと記念の想いを込めたモニュメントを建立したことを意味している。

一方、東遊園地の「阪神・淡路大震災慰霊と復興のモニュメント」は、神戸市が設置し

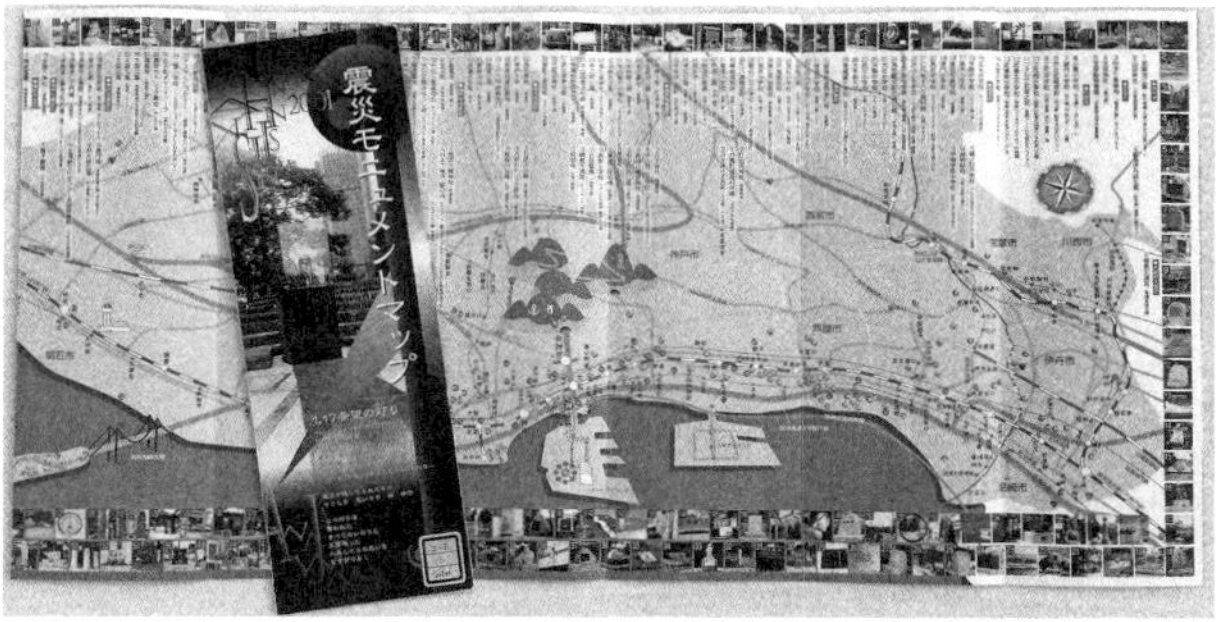

図8-14　震災モニュメントマップ（2001年）

た代表的な震災モニュメントである（口絵9）。

震災の翌年に設置懇話会を開催し、犠牲者の慰霊と市民への励まし、震災からの復興、大規模災害に対する世界的規模での連帯による意義という基本コンセプト、設置場所を東遊園地にすること、建設資金は広く募金を呼びかけ活用すること、が意見としてまとめられた。神戸市役所の南隣に位置する東遊園地は、震災時には石畳のずれや彫刻の倒壊等の被害を受け、グラウンドの一部は物資輸送のためのヘリポートとして利用されていた。

1997年度に「慰霊と復興のモニュメント設置検討委員会」を開催し、指名コンペ参加作家が選定され、安藤忠雄、植松奎二《けいじ》、楠田信吾、福岡道雄の作品を審議した結果、楠田信吾の《COSMIC ELEMENTS》に決まり、1998年10月から1年間にわたり設置実行委員会によって広報と募金活動が展開され、２０００年1月16日に除幕を迎えた。

楠田は震災直前の１９９４年10―11月に開催された須磨離宮公園現代彫刻展において《KOSMIC BALANCE I》で大賞を受賞していた。また、宇部市の現代日本彫刻展では、１９９３年（第14回）《宇宙の風景I》、１９９５年（第16回）《COSMIC IN KOSMIC》、１９９９年（第18回）《COSMIC-Topography 地形》を出展、宇部興産株式会社賞、テレビ山口賞、下関市立美術館（植木茂記念）賞を受賞した。

１９９４年の作品で強化ガラスと黒御影石とステンレスワイヤーを用いて、日常における反動的な「擬無動の空間」を表現していた楠田は、当時日本最大規模の被害を生んだ都市直下型地震の猛威と、変わり果てた神戸の姿に何を思ったのだろうか。

慰霊と復興を記念する《COSMIC ELEMENTS》のコンセプトは〝自然との「共生」〟とされた。地・太陽・空・水・風・石・ガラスといった要素の一つひとつに記念性を授け、作品の地下には水面を通して空を仰ぎみる慰霊と瞑想の場を設け、犠牲者の名前を刻んだ。また、総額1億５０００万円以上の建設募金に協力した人びとの名前も、地下へ続く通路に記された。

震災前後に宇部と神戸で発表された作品を含め、楠田は一貫して「宇宙（SPACE, COS-

MIC, KOSMIC)」の浮遊や擬無動の視覚的表象をテーマに作品を制作してきた。しかし、１９９９年に宇部市で発表した作品では〝TOPOGRAPHY（地形、地勢）〟として大地との繋がりが示され、その表現は前作よりもさらに深く、人間と自然との共生の困難さや破壊と再生の葛藤を感じさせるものとなった。これは、一作家の意識の変化のみならず、震災前後のパラダイムシフトと見ることもできよう。

また、《COSMIC ELEMENTS》の建立に際しては、遺族やボランティアグループの提案で、やさしさ、思いやり、そして生きている証の象徴である〝灯り〟を保存する施設として《1・17希望の灯り》が追加設置されることとなった。

碑文には「震災で亡くなった方々の命と生き残った私たちへのメッセージ」が刻まれ、被災10市10町を巡って運んだ種火と47都道府県から寄せられた種火を一つにして灯された希望の灯りは、現在も各地の追悼行事や灯りが結ぶ絆の関連行事に分灯され続けている。

県および市区町等のさまざまな地方公共団体の記念する拠点の範囲もまた重なり合っている。２００２年に開館した「人と防災未来センター」においても犠牲者名を記した名簿が収められた慰霊のモニュメントが設置され、兵庫県等で構成された委員会による追悼式典が毎年行われている。

被災地で集められた多数の震災資料も同センターほか複数の保存機関で繋がれ、阪神・淡路大震災という出来事はこれからも多様な媒体で伝えられていくだろう。

†記録の役割と高まる存在感

災害の記憶を伝えるには、当時の記録を読んだり、記念する遺構から学んだりすることも有効だ。被災地では、震災後早期から震災の生み出したあらゆる記録・痕跡を「震災資料」と位置づけて収集・保存する動きがあった。

古くは関東大震災の惨禍と復興を伝える東京都復興記念館や、名古屋市南図書館の伊勢湾台風資料室のように、災害資料を集めたり展示したりする施設が開設される例はあった。阪神・淡路大震災では、多様な主体によって震災資料の収集が行われ、神戸大学附属図書館の震災文庫や兵庫県立図書館のフェニックス・ライブラリー、神戸市立中央図書館の1・17文庫、長田区役所の「人・街・ながた震災資料室」など複数の災害アーカイブズが成立した。そのうち、前述した「人と防災未来センター」は、資料収集事業を伴うメモリアル施設かつ実践的な災害対応や防災研究の拠点として設置された先進的な例だった。

同センターは、阪神・淡路大震災の記憶を風化させることなく、被災者の思いと震災の教訓を次世代へ継承するため、阪神・淡路大震災の被災状況を物語るものや、被災地の復旧・復興過程において使用・作成されたものを震災資料として約20万点も収蔵している。

その媒体は多様で、5時46分で止まった時計や仮設住宅の看板などのモノ資料や、被災者の手記や避難所日誌などの紙資料、被災したまちの風景やボランティア活動の様子を撮った写真資料などが整理・保存され、閲覧や貸出展示も行われている。

この震災資料は、1995年10月から兵庫県の委託を受けた財団法人21世紀ひょうご創造協会が「震災とその復興に関する資料・記録の収集・保存事業」として収集を始めた。1998年4月以降は、財団法人阪神・淡路大震災記念協会が引き継いで収集事業を続け、公開基準の検討を行った。

さらに、2000年6月からは、兵庫県の緊急地域雇用特別交付金事業を用いた大規模な震災資料の調査事業が、2年にわたって行われた。のべ約450人の調査員が各種NPO等の団体、復興公営住宅、学校などを訪ね、チラシ、ノート、写真、避難所で使用されたものなどを一次資料として収集した。こうして集められた資料が、2002年4月に開館した「人と防災未来センター」に引き継がれて、いまも資料室で利活用されている。

これらの膨大な震災資料の利活用促進は、時が経つにつれて課題となり、展示や教育普

図 8-15　神戸港震災メモリアルパーク

及事業も多様化している。そして、新潟県中越地震、東日本大震災、熊本地震などのあとに構築された、各地の災害資料アーカイブ機関との連携も進められている。

震災遺構として、被災の痕跡も保存された。被災したメリケン波止場の岸壁60mをそのままの状態で保存し、神戸港の被災の状況、復旧の過程などを記録した模型や映像、写真パネルなどを展示して見学できるよう整備し、1997年7月に竣工した「神戸港震災メモリアルパーク」もその一つだ（図8-15）。

神戸市長田区若松町の公設市場の延焼防火壁として建てられた「神戸の壁」は、神戸大空襲にも震災にも倒れず、焼けず、その姿をとどめた。市民団体「リメンバー神戸プロジェクト」

が保存活動に取り組み、淡路島の北淡震災記念公園に、震災の記憶を風化させないための震災遺構として移設された。また、その基礎部分は、新長田と「HAT神戸」の「人と防災未来センター」に「神戸の壁」のベンチとして遺されている。

資料や遺構などの記録は、それらを活用した震災学習・防災教育を続けていく可能性を有している。語り部との対話や双方向のコミュニケーションを通じて得られる学びもあるが、時間が経って複数の記録から分析・検証した情報をもとに得られる学びも尊い。

そして、記憶を記録に変換して繋いでいくことにも積極的な取り組みを期待したい。語りの録音・録画は昭和期から普及していた手法だが、その記録を多くの人びとが見られるようにデジタル公開する技術が震災当時よりも飛躍的に向上した。神戸市による記録写真のオープンデータ「1・17の記録」や、国土地理院による「自然災害伝承碑」の情報収集とデータ提供などはその例といえる。

人の命は有限であるが、大切な語りは聞いた人びとが遺そうとして繋がれていく。そう考えると、時間が経つほどに記録の存在感は高まり、その活用の検討こそが記憶を繋ぐための鍵となると言えるだろう。

第9章

新たな「神戸」へ

２０２５年に戦後80年、震災30年を迎える神戸はどこへ向かうのか。

戦災や震災は神戸市に深刻なダメージを与えたが、そのすべてが失われたわけではない。既存のまちとそこに暮らす人びとは変わり続け、新たな課題も生まれる。都心も郊外も、豊かな自然の恵みも、そして暮らしの記録も、大切に繋いでいくためには、その方法を検討して、解決に向けて動くことが重要だろう。

1　まちの更新と魅力向上

戦後神戸の都心・三宮は、空襲によって戦前までのまちなみを失い、自然発生した闇市やバラック群を整理する再開発事業によって駅前空間が形成されてきた。阪神・淡路大震災で甚大な被害を受けた三宮の駅周辺は、震災20年が経ち、ようやく再整備が始まった。コンパクトな都心のリデザインを目指して動き出した三宮は現在、新たなまちづくりへと向かう途上である。そして、市内に展開されてきた暮らしの場もまた、駅周辺とさまざまなリノベーションによって暮らしやすさを高めるための取り組みが進められている。

1995年の阪神・淡路大震災によって戦後50年で築かれた都市形態は崩壊した。

よく知られている被害は、長田区南部や灘区六甲道など木造密集家屋地区の壊滅的な被害であろう。三宮では、戦後に建てられたビルの崩壊や公共建築の中間層崩壊が目立ち、1981年の建築基準法・同施行令改正前に建てられたRC造や鉄骨造の耐震性の低さが被害の差に大きく現れた。

三宮では、震災復興もまた見えにくい。市内の震災復興市街地再開発事業や住宅市街地総合整備事業は基本的に住宅等の再建が中心課題であったため、商業地域である三宮が優先されることはなかった。

崩壊した建築の多くは自主的復興で建て替えられたが、まち全体を見れば原状回復にとどまっていたと言えるだろう。神戸市庁舎2号館が中間層崩壊後に5階より上を撤去し、庁舎として使われ続けた姿や、仮設ビルで営業を続けた神戸阪急ビルは象徴的だった。

また、神戸三宮駅南地域は、都市再生特別措置法に基づき2002年10月に都市再生緊急整備地域に指定された。震災復興の地区計画の目標には、ターミナル機能を中核とした都心拠点にふさわしい商業・文化・交流拠点の充実と防災化が掲げられ、神戸の玄関口を魅力ある都市空間にする課題認識は一貫して示された。

†都心・三宮の再整備

近年では都市計画の思想も大きく転換した。国内各地で、市街地内の公共空間として、効率の良い移動手段としてだけではない街路の使われ方が構想され、居心地がよく歩きたくなるまちづくりが目標になった。

神戸市は約50年前の再開発事業で自動車中心の高い容積率の中心市街地をつくり上げたが、時が経ち、震災による崩壊と再生も相俟って、いまでは「まち」に求められるものが大きく変わった。

震災から20年を迎えた2015年に三宮駅周辺地区の再整備基本構想、そして2018

年には神戸三宮「えき≈まち空間」基本計画が策定された。三宮周辺地区における駅前広場の拡充や歩行者空間の再整備を軸に、人と公共交通優先の道路空間「三宮クロススクエア」を段階的に創出しようとしており、すでにいくつかの例が実現している。

2016年度に、フラワーロードの東を神戸国際会館から「みなとのもり公園」まで南北に走る葺合南54号線を1車線に減らし、安全で快適な歩行者環境を創出する再整備が行われた（図9－1）。車線と停車帯を減らし、車道を蛇行させ、さらに新たに生み出した空間を人優先に再配分する整備によって、車中心から人中心の道路へと生まれ変わった。これは神戸市の掲げる「道路のリデザイン」による再整備の先駆けといえる例である。

また、三宮と元町を繋ぐ三宮中央通りでは、複数の「KOBEパークレット」（図9－2）が公園の少ない都心で買い物中に一息つける場所を生み出しているほか、コロナ占用特例で展開されたオープンカフェが定着しつつある。

KOBEパークレットは、三宮中央通りまちづくり協議会と市によって設置された、道路のリデザインによる休憩施設である。2006年の協議会によるオープンカフェ開催を発端に、2015年には市から協議会にパークレットを提案、社会実験を行ったうえで、2017年から持続可能な地域主導のまちづくりとして始まった。

図 9-1　道路のリデザインを実施した葺合南 54 号線

図 9-2　休憩施設「KOBE パークレット」

歩行者と公共交通優先の空間を目指す動きのなか、堂徳山《どうとくやま》から神戸港へと流れる暗渠河川の鯉川筋の元町駅以南では、歩行環境と回遊性の向上のため、西側の歩道拡幅工事に着手、２０２１年に完成した（図９－３）。ＪＲ元町駅の東側を南北に走る鯉川筋は、戦後は不法占拠などに対処した強制代執行を経て拡幅されてきた街路だった。この整備によって、駅から大丸百貨店や居留地エリアに向かう目抜き通りとしての魅力が高まった。

えきまち空間の広場整備の始まりとしては、震災後に仮設ビルで営業していた神戸三宮阪急ビルの建て替えに合わせて、サンキタ通りと広場の再整備が実施された。２０２１年秋に再整備された阪急神戸三宮駅北側の「サンキタ広場」（図９－４）は、円盤の彫刻のようなストリートファニチャーの多様な使い方が期待されたデザインに更新された。

同地は立地柄、夕方から夜が主役ともいえる飲み屋街の待ち合わせ場所として親しまれ、「パイ山」や「でこぼこ広場」と呼ばれてきた。完成後すぐに、ベンチや舗装に汚れや破損が目立ったことも報じられ、デザインと用いられ方とをどのように調和させていくのかにも注目したい。

サンキタ通りは歩車道の段差がないフラットな道路とし、17時以降は車両が通行・駐車できない歩行者中心の道路空間となった。沿道のリニューアルされた阪急高架下の飲食店

図 9-3　歩道を拡幅した鯉川筋

図 9-4　阪急神戸三宮駅北側の「サンキタ広場」

舗がテラス営業を展開し、新たな、開かれた街路空間として連日賑わっている。三宮の高架下店舗のにじみ出しと言えば、戦後の闇市が高架下に発生して、南側街路にあふれだしていた光景を彷彿とさせる。しかし、自然発生的な賑わいをなかば認めたような自治体の道路管理が後手に回っていた戦後と異なるのは、ヴィジョンを持った道路空間のリデザインが実施されている点にあるだろう。

さらに西へ向かうと公共空間を活用した「三宮プラッツ」や、JR元町駅東口には階段状ベンチのまちなか拠点が整備された様子も見られる。

三宮プラッツは、南北の都市軸であり旧居留地を横断する京町筋と都心三宮と元町を繋ぐ三宮中央通りの結節点に位置し、地上と地下通路を繫ぐ半地下屋外広場である。2020年度にリニューアル工事が完了し、都心の公共空間を活用した憩い・賑わいの創出に向けて活用が進んでいる(図9-5)。

三宮駅からひと駅西のJR元町駅東口は、旧居留地や南京町、メリケンパークなどに向かう玄関口として、待ち合わせやちょっとした休憩のできるまちなか拠点の整備が行われた。整備イメージとして採用された、「六甲の稜線」や「みなとの泊《とまり》」を模した階段状ベンチが設置され、座って語りあう人びとが見られる。

図9-5　半地下屋外広場の「三宮プラッツ」

小規模な取り組みの集積がじわじわと神戸三宮の都市空間をウォーカブルに変えてきた動きは、これからも続いていく。

†暮らしの場を刷新し、守る

まちの更新と魅力向上を図っているのは、都心の再整備だけではない。地域のたたずまいや雰囲気を印象づける「駅」を重視して、駅前広場のリニューアルや照明のライトアップ、滞留空間の創出といった駅前空間の高質化が図られている。

さらに、業務・商業機能、行政機能の充実や、文化・子育て環境の充実、駅周辺の住機能の強化、さまざまな賑わい創出の仕組みづくりを行うことで、都市ブランドの向上と人口誘因につなげることを目的に「駅周辺のリノベーション」が進められている。

2019年度から始まった「リノベーション・神戸／駅前空間」では、生活道路や駅前空間にまちなか街灯が増設されたり、まちなか街灯をLED化したり、防犯カメラの大幅増設が行われたりするなど、夜道を明るく安全なまちにする取り組みが大幅に進展した。

各駅の再整備はできるところから随時進められ、駅前空間の刷新や、駅前駐輪場の見直し、鉄道事業者との連携による駅舎の美装化などが行われている。

たとえば、JR灘駅南側駅前広場では「灘の森テラス」をコンセプトに、ミュージアムロードの中間点の立地を活かして美術館のまちの玄関口になるよう再整備が行われた（図9－6）。これまでになかった休憩スペースや日よけ屋根の設置、段差のスロープ化、アート作品の設置などは、JR灘駅から兵庫県立美術館まで歩いて向かう人びとにとっても、地域住民にとっても、居心地のよい駅前空間の創出となるだろう。

神戸市内では、発達した交通網によって繋がれた郊外の住宅地に暮らす人びとが多い。いきいきと暮らせるまちづくりのため、名谷《みょうだに》駅・垂水駅・西神《せいしん》中央駅周辺を中心にしたエリアの機能拡充が進められている。

図 9-6　灘駅南側駅前広場

　そして、既成市街地として発展してきた暮らしの場が存続できるよう、空き家・空き地所有者と活用したい人とを結ぶバンク制度や、建築家との協働による空き家活用促進事業などが行われている。空き家地域利用応援制度として、空き家を地域活動や交流の拠点として活用する場合、物件探しの手伝いのほか、片付けや改修などの費用補助が設けられた。

　2023年度から、新長田南エリアの空き家や空き店舗を活用し、地域の賑わいづくりにつながる事業を実施する人を募集する「新長田シタマチスタートアッププロジェクト」が始まった。小売店や飲食店、デザインや設計、システム開発

図 9-7　長田区の扇港湯

を営む事務所などの多様な業種を対象に、シタマチ物件を拠点に起業し、ひとを集め、交流を創出する賑わいづくりが期待されている。

また、昔ながらの暮らしの場を維持できるように、商店街・小売市場の活性化や、銭湯への支援なども行われている（図9‐7）。

一般公衆浴場は、住民の保健衛生に役立つことから誰でも利用できるように、物価統制令（昭和21年勅令第118号）によって、都道府県ごとに入浴料金の上限が定められている。ところが、昨今の燃料費などの高騰により、2023年2月から兵庫県での上限が450円から490円に引き上げられた。同年3月から神戸市では、市内の32施設に対して差額分の40円を支援し、利用者の入浴料金を据え置いている。
市民の暮らしを守るための取り組みは気づかないうちに、さまざまに展開されている。

2 自然とともにある人間らしいまち

では、震災30年を迎えるいま、神戸はどこに向かおうとしているのだろうか。2019年12月に策定された「神戸市職員の志（神戸市クレド）」には、その核心として、「どんなときも、市民目線」「圧倒的な当事者意識」「果敢にチャレンジ」が掲げられている。

既存のまちも、そこに暮らす人びとも、生きているから変化し続け、新たな課題も生まれる。徹底した市民目線や当事者意識で課題を見出し、解決に向けて動く姿勢がまちの未来を生みだす。そして、神戸市域が包含する多様な住環境のそれぞれの個性を尊重し、海、山の恵みを大切にすることは、このまちの魅力を高めていくだろう。

阪神・淡路大震災から20年を迎えた2015年1月。神戸市では、震災の教訓や知恵を集め、発信する「震災20年神戸からのメッセージ発信」プロジェクトが実施された。

そこでは、「震災を体験した人」と「震災を体験していない神戸市民」へのアンケートや、震災20年を語るワークショップを行い、集めた市民の思いを表現するロゴマークとキャッチコピーが作成された。この取り組みから、「神戸の様々な魅力の中で、一番の魅力は人である」という思いを集約したロゴマークとして「BE KOBE」が生まれたという（図9－8）。

そして、2017年1月に神戸開港150年を迎えたことを記念して、記念事業の一つとしてウォーターフロント空間であるメリケンパークのリニューアルを行い、「BE KOBE」をかたどったモニュメントが同年4月に設置された（図9－9）。

さらに、この「BE KOBE」モニュメントは市内で複数箇所に設置が進み、新たなフォトスポットとして、観光名所になっている。2019年7月にポートアイランドのしおさい公園に、2020年6月に北区の神出《かんで》山田自転車道の再整備に合わせて、つくはら大橋休憩所に、2023年4月には北区の道の駅「神戸フルーツ・フラワーパーク 大沢」に茅《かや》を材料とするモニュメントを設置し、同年7月には「アジュール舞子」に舞子の浜を

BE KOBE

神戸は、ひらかれた街です。

150年を迎えた“みなとまち”として、さまざまな

流行や文化を生み出し、次々と発信してきた街です。

国際性に富んでいて、いつの時代も新しい。

そんな神戸らしさを、いっそうみがいていくために。

かつてないことに挑もうとする、若々しい人や

気持ちを、だれよりも愛する私たちであるために。

「BE KOBE 神戸はもっと神戸であれ。」

これは、神戸市民ひとりひとりの胸に、深々と

刻まれていくことを、願って生まれた言葉です。

図 9-8　震災 20 年で生まれた「BE KOBE」

図 9-9　メリケンパークに設置された BE KOBE モニュメント

イメージした「BE KOBE」が製作された。

そして、2024年6月には6カ所目として、須磨区の神戸須磨海浜公園にも、2023年5月に閉園した旧神戸市立須磨海浜水族園の大水槽のアクリル板を再利用した「BE KOBE」モニュメントが設置された。

さて、この「BE KOBE」は「シビックプライド・メッセージ」として定められた。シビックプライドとは、都市に対する市民としての誇りである。シビックプライドの源泉は、都市政策の文脈では、抽象的な要素ではなく、都市環境や自然環境、文化・産業等の要素となることが多い。

もちろん何に誇りを持ってもよい。しかし、都市において人が大切なのはあまりに言うまでもなく、目指すヴィジョンが伝わりづらくはないかと思う。

オランダの首都・アムステルダムが2003年に開始した「I amsterdam」もまた、「都市の資産は人である」というメッセージを掲げたキャンペーンである。これは、他都市と比較して際立つランドマークがなかったから決定されたフレーズだったという。

これからも、神戸は震災の経験を忘れることはない。だからこそ、30年を迎えようとする2025年からは、より具体的な都市イメージも描ける〝KOBE〟となることを願う。

†ニュータウンの再整備

神戸市では、昭和30年代以降、人口増加に対応するため、内陸部や山麓部などにニュータウンを整備してきた。

その面積は市街化区域の約3分の1を占めていて、計画的に宅地開発されたニュータウンには公園や緑が多く、インフラが整っていて住みやすいまちである一方、まちびらきから時を経て、人口減少や高齢化、施設の老朽化などさまざまな課題が顕在化している。

郊外の生活圏を整えるため、計画的開発団地のリノベーションが検討されている（図9−10）。ここで想定されているリノベーションとは、住宅、交通、福祉等のさまざまな分野で、少子高齢化や施設の老朽化等の課題や活性化に対応するためのハードとソフトの両施策を組み合わせた取り組みを指す。

住みよいニュータウンの課題解決に向けては、2014年度から垂水区多聞台《たもんだい》、2015年度から北区有野台《ありのだい》、2020年度から北区唐櫃台《からと》でリノベーションの検討が行われている。

たとえば、垂水区の多聞台団地は、1964年の入居開始より50年が経つ2014年度

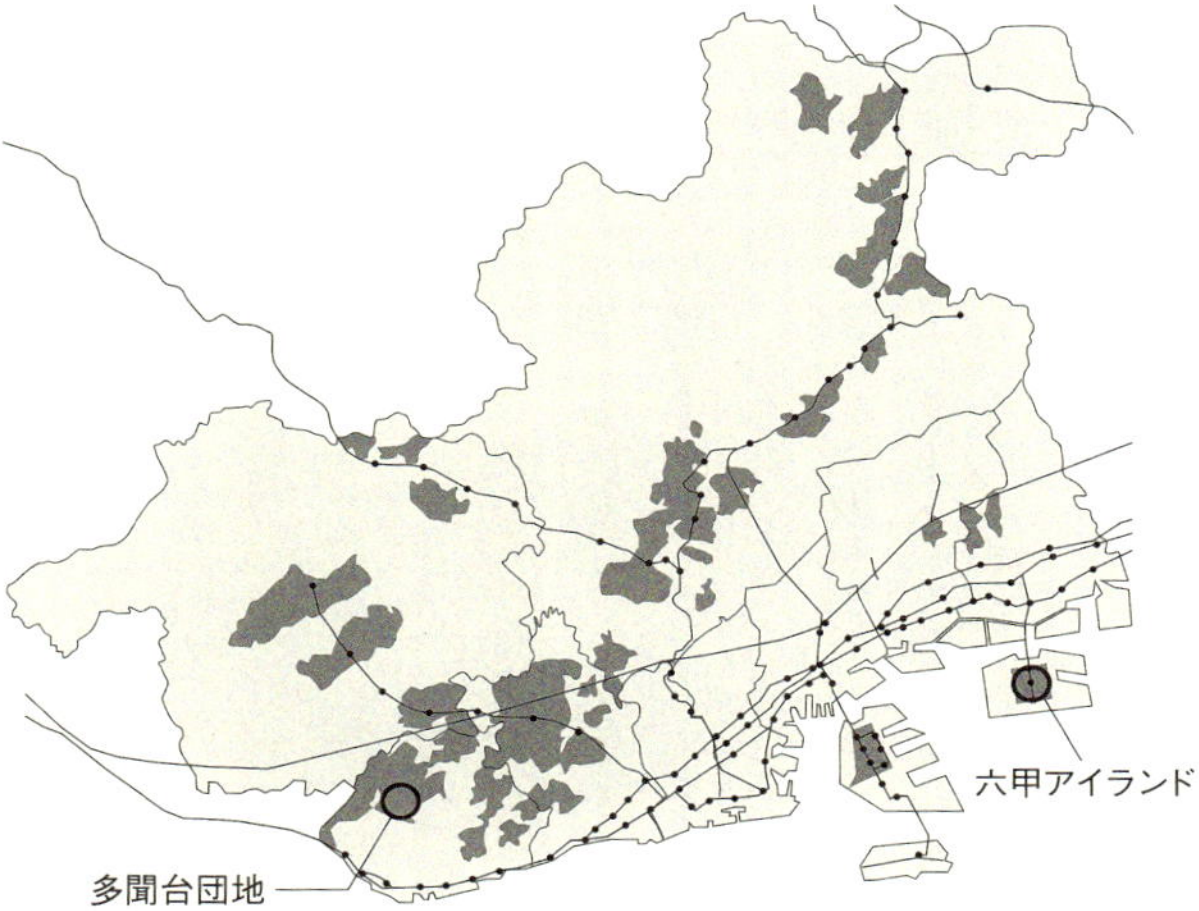

図 9-10　リノベーションの対象になる計画的開発団地（○は多聞台団地、六甲アイランド）

に「再生協議会」が結成され、検討が始まった。住民の高齢化や住宅・施設の老朽化が進み、人口減少に伴う地域活力の低下、コミュニティの弱体化、センター機能の衰退などが課題となった。

ワーキンググループ等により地域の意向等を把握しながら地域の将来像をまとめ、2018年3月に「多聞台団地再生計画」を策定し、3つの目標が立てられた。①若年・子育て世帯の定住促進、②生活関連機能の向上と高齢層の生活支援機能の充実、③地区内外の人的交流の促進とコミュニティの活性化、それぞれの目標に対する実践を展開している。

これまでの各ニュータウンについて見ると、市・区によるハード事業と複数の地域団体等によるソフト事業の実施、近隣の大学やURとの連携などの積極的な取り組みが結実していることがわかる。

郊外のニュータウンに共通する課題は多い。

課題解消のひとつに、スーパー等が近隣に不足する住宅団地に対する生活サービスの提供を民間事業者が支援する事例もある。キッチンカー提供実験の結果をもとに、2021年から住宅団地での地域住民と事業者によるキッチンカーの運営が行われている。

他にも、地域NPO法人の設立、家事サポートや家屋補修等の生活支援、商店街活性化プロジェクト、まちあるきプロジェクト、リノベーションスクール、アウトドア体験イベントなどのさまざまな取り組みが各団地で展開されている。

また、海上文化都市として整備された六甲アイランドでは、まちびらき30年を契機にその将来像を検討し、さらなる活性化に向けた取り組みが進められている。ただ、六甲アイランドの人口・世帯数は年々増加傾向にあり、一般的な人口減少に悩むオールドニュータウンとは一線を画する。

入居が始まった1988年当時に掲げた8000戸3万人の計画と比べると、世帯数は8000戸を上回っている一方で、人口は約2万人にとどまっている。高齢化は進んでいるが、神戸市全体や東灘区よりもその割合は低い。島内の家族構成が変わりつつも、子育てしやすい環境として評価され続けていることや、神戸にも大阪にも通勤至便な立地に魅力が感じられていることがわかる。

六甲アイランドの魅力を向上させる取り組みをいくつか紹介する。

中央都市軸上の水路と一体となった広場「リバーモール」では、2015年からライトアップが始まり、2023年には隣接するホテルが掘削した天然温泉を引き込んだ源泉かけ流しの足湯施設が生まれた。

2022年には「神戸ファッションプラザ」の3階から9階天井まで50メートルの吹き抜けになっているサン広場に、大型のテント式遊具「ふわふわドーム」が新設された。広場に隣接して神戸市地域子育て支援拠点事業「こべっこあそびひろば」が開設されており、子育て環境の充実とにぎわい創出が企図された。この「ふわふわドーム」は関西初の屋内型ということもあり、いつも子どもの楽しそうな声が響く空間に生まれ変わった。

そして、2024年には同建物の外壁へのプロジェクションマッピングの投影（図9−

11）や、さまざまなテナントを誘致した商業施設「ROKKO iPARK」が開業するなど、２０１２年以降衰退していた大規模な複合商業施設が復活しつつある。

図9-11　六甲アイランドで実施されたプロジェクションマッピング

†海、山とともに生きる

神戸は海と山に囲まれた地勢から、自然豊かな市域が特徴的で、農漁業の場に近いことも魅力の一つといえる。

神戸市を含む阪神間の市街地の北側に隣接する六甲山系（六甲山）は、東西約30キロメートルにわたり、古くから人びとの暮らしと密接に結びついてきた。現在の六甲山には、牧場や植物園、スポーツ施設などの観光スポットや、日本三大夜景のひとつでもある展望スポットなどがあり、さまざまな観光・レジャーを楽しむことができる。

また、市街地から近い六甲山は近代登山発祥の地として知られ、登山を楽しむ文化が神戸には根づいている。明治期には、早朝から登山をする欧米人を真似て神戸の人びとも

図9-12　六甲全山縦走（2019年）

「毎日登山」の活動を始めたといい、大正期に始まった「六甲全山縦走」は1975年に第1回大会を開催して以来、約50年も続いている（図9-12）。

数多くの登山道があり、学校行事と六甲山登山の関係も深い。神戸市内の公立学校に通った私も、小中学校ではバスで自然学校や野外学習の施設に、摩耶山を裏山とする高校では徒歩でレクリエーションや耐寒登山マラソンなど、何度も六甲山を登った思い出がある。

近年では、2023年度から「神戸登山プロジェクト」として、JR新神戸駅に神戸登山支援拠点「トレイルステーション神戸」を設置したほか、登山サポート店や休憩スポット、登山道・案内板の整備などが進められている。

新型コロナウイルス禍以降のライフスタイルの変化やSDGsの考え方から、「自然に回帰した余暇の過ごし方」が注目されている。これを背景に、六甲山上には賑わい機能に加えてオフィスの立地促進やコワーキング施設の整備が進められている。こうした新たな活性化は、きっと神戸にとっての「山」をより身近な存在にしていくことだろう。

六甲山系の北側には農村が広がり、北区・西区を中心に約800棟の茅葺民家が存在する。茅葺民家は神戸の歴史や文化を伝える大切な資源であることから、現地調査を行い、茅葺民家の保全・活用に取り組んでいる。

この30年ほどで西区の茅葺民家は半分ほどにも減少、北区は7割ほど残っているが、その多くがトタン等で覆われた屋根である。市街化調整区域では屋根を不燃化する必要はないが、木造建築の安全性には火災が大敵であり、メンテナンス費用を考えて、金属板で覆うことも増えているようだ。

市HP「神戸かやぶき古民家倶楽部」では、茅葺民家の魅力やイベント情報等を発信するとともに、茅葺に関する相談を受付けて、茅葺民家の保全・活用が図られている(図9−13)。神戸市指定景観資源の指定や文化財指定・登録によって、修理等にかかる費用の一部を助成したり、活用に向けた入居者への賃料を助成したりする取り組みも見られる。

　また、神戸にはゆたかな農漁業が息づいている。神戸市は2015年度から「食都神戸」構想を推進し、「食」の海外展開に取り組んでいる。その一環として、市内では、神戸の農水産物のローカル地産地消を推進するプラットフォーム「EAT LOCAL KOBE」が主導して、公民一体で活動している。神戸の農漁業の振興や、食環境の安全・環境・適正な価格、「食」を通じた交流の場をつくりコミュニティを育むことを目的に、「FARMERS MARKET」や「FARMSTAND」、「MICRO FARMERS SCHOOL」などのさまざまな活動を展開している（図9-14、9-15）。

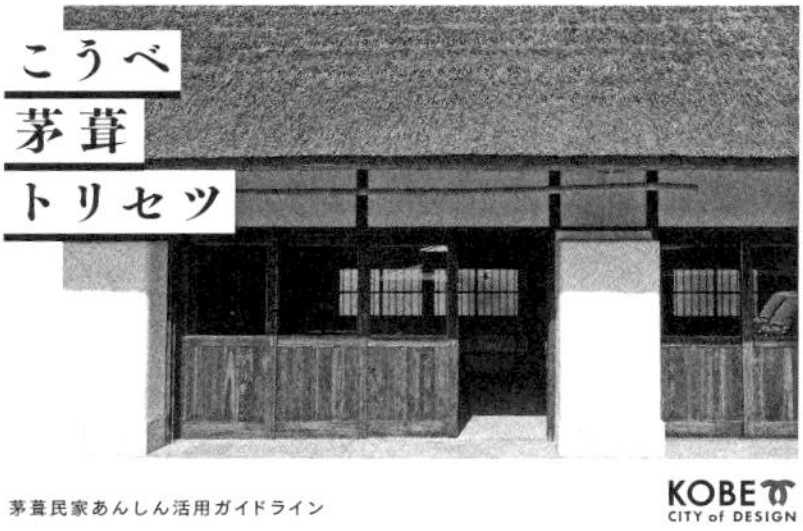

図9-13　『茅葺民家あんしん活用ガイドライン—こうべ茅葺トリセツ』

　生産者と消費者が直接出会う場として継続的に開催されるファーマーズマーケットでは、農家、飲食店、漁師などのさまざまな参加メンバーを市民が知り、購入することができる。2015年に東遊園地で始まり、東遊園地の再整備によって市内の各所でも開催されることにな

図 9-14　駒ヶ林で開催されるマーケット

図 9-15　東遊園地で開催される「FARMERS MARKET」

った。土曜日の朝市が自分の暮らすエリアで開かれるのは、日常に非日常が訪れるような、心躍る機会である。今後もさらに活動が広がり、「食」によって地域や産業と人びとのつながりが育まれることを楽しみにしている。

3 「神戸」の記録をつなぐ取り組み

前章では、阪神・淡路大震災の発災直後から収集された「震災資料」について言及した。被災地の復旧・復興が落ち着くにつれて、神戸市役所においても、その過程を含めた対応記録を残す動きが生じた。

一方で、震災前より神戸市は1989年の市制百周年の記念に向けた『新修神戸市史』の編集を始めていて、市史編集を目的に、市域に関する歴史的・文化的資料が集められた。市史の発行は震災によって一時休止を余儀なくされたが、神戸市文書館《ぶんしょかん》に保管された収集資料は被災を免れ、2020年には最後の1冊を刊行して、全12巻の市史編集事業が完了した。

地域の歴史を紡ぐ記録は、その性質も出自も媒体もさまざまである。そして、集めた記録を「資料」として保存し、利活用していくためには、保存施設や担い手を要する。最後に、いま新たな一歩を踏み出そうとする神戸市の動きを紹介しよう。

†神戸市の収集する「資料」

「資料」と呼ばれる対象は多様である。

一般的な定義では、「資料」とは、研究・調査などの基礎となる材料を指す。このデータの記録媒体は平面や立体、デジタルをも含む。また、同時代的に作成・出版された文献や調査結果などの一次資料（原資料）、一次資料をもとに書かれた論文や新聞記事などの二次資料の区別もある。

歴史学においては、地域の歴史的・文化的な情報を担う文字記録（古文書）や美術資料（掛軸など）や民具、そして視聴覚記録（写真や映像音声）などを「歴史資料」や「地域歴史資料」と呼ぶ。

ここで留意すべきは、資料や歴史資料といった用語が指すものとその解釈を共有するためには、明文化が必要ということだろう。ある機関が継続的に資料を集めるためには、その基本的な考え方や取扱い基準を定めることが望ましい。

神戸市には資料所蔵機関として、図書館、博物館、文書館《ぶんしょかん》がある。

最も古いのは神戸市立図書館で、1911年に桃木武平による私設の図書館「桃木書院図書館」から神戸市役所に蔵書が寄贈されたことに始まり、1921年には現在の大倉山公園にて開館した。現在の中央図書館1号館は、1980年に鬼頭梓の設計で建設された。

神戸市立博物館は、市立南蛮美術館と考古館を統合した新しい人文科学系の博物館として、旧居留地の旧横浜正金銀行神戸支店ビルを転用し、1982年に開館した。

さらに、この南蛮美術館跡を活用して、『新修神戸市史』の編纂を進める目的で、神戸市域の歴史的・文化的に価値のある地域資料の収集・保存を行う施設として、1989年に神戸市文書館を設立した。

3館はそれぞれに異なる機能を有する一方、資料収集や公開・利活用においては重なりあう点もあり、相互に連携を進めている。図書館は図書館法、博物館は博物館法に則るが、文書館は公文書館法に則っていない。文書館については設置条例も定められず、市史編纂に資する歴史資料という以上の収集基準もない。したがって、図書館や博物館が受け入れない資料の寄贈を受ける傾向にあったと言えるだろう。

では、図書館と博物館が集める資料とは何か。

この2館の機能については、博物館開設前に神戸市立中央図書館・博物館等調査委員会を設けて検討が行われていた。1975年の博物館部会答申を受け、博物館の使命や存在意義、基本的性格は2007年に決定したという。

図書館資料は、一般的には、図書館が収集・整理し、利用者に提供する資料である。近代の技術においては大量に複製され、配布される平面形態の記録物と位置づけられるが、一点ものを「郷土資料」として収集する場合もある。

市立図書館は資料取扱要綱と収集基準を定め、例えば、神戸市に関する資料については図書、新聞、雑誌、地図等は形態にかかわらず積極的に収集することや、古書、私家版等の情報にも留意し、積極的な収集に努める方針を示している。

市立博物館は、多様な神戸文化の特徴と文化交流の態様を明らかにするため、神戸を中心とする考古・歴史資料と、東西文化の交流に関する南蛮美術、古地図資料などの調査・研究・収集を行うこと、その成果を市民・利用者と共有するとともに、これを次世代に継承し、地域の発展に役立つ「知の拠点」となることをその基本的性格に示している。

ここで、文書館資料のあるべき姿に言及してみよう。文書館を「アーカイブズ」と位置づけるならば、それ一点しかない一意性を持つ資料を、歴史的な考証の手がかりとするために収集・保存することが基本である。

歴史資料の材料となる文献や遺物などの中から、専門職員であるアーキビストがその設置目的に適う観点から選択して整理保存する。留意したいのは、アーカイブズの役割は、組織活動を通じて生み出された文書記録、つまり、意思決定や行動や記憶を記録した文書を保存対象とすることだ。

これは、2010年9月、ICA（国際文書館評議会International Council on Archives）の円卓会議オスロ大会で採択された「世界アーカイブ宣言」（Universal Declaration on Archives, UDA）の冒頭にある“Archives record decisions, actions and memories.（アーカイブは、意思決定、行動、記憶を記録する。）”からも明らかといえる。したがって、地域の歴史的・文化的な資料のうち、「作品」はアーカイブズの所蔵資料には適さない。

一方で、そこに記録された情報が当該アーカイブズの設置目的から求められるものであれば収集対象になり得る。つまり、アーカイブズにとっても、設置目的や資料収集基準の策定が、資料を集める判断の上で、きわめて重要である。

なお、神戸市は行財政局総務課が「戦災関連資料」として、神戸大空襲に関連する資料

図9-16　戦災関連資料展（神戸市立中央図書館）

や戦争体験談を収集し、HPに掲載している。

1981年に「神戸空襲を記録する会」から市立中央図書館に戦災関連資料が寄託されて展示室を設けたが、1995年の震災による被災で閉室、1997年に開館した兵庫図書館に「戦災記念資料室」を移転した。この展示室は中央図書館に対する資料寄贈を生じさせた。それとは別に、行財政局（旧総務局）の戦災関連資料の収集は1998年に始まり、2005年には神戸市HP「神戸 災害と戦災 資料館」を開設して、資料寄贈も受け入れている。2017年1月にはこれらの戦災資料の一元管理が決まり、現在は行財政局総務課が資料収集・保存を担い、中央図書館で毎年夏季展示を開催している（図9-16）。

目的に適う資料を集めること、適切に整理・保存して公開すること、その利活用方策を検討することは、資料所蔵機関にとって一連の必須機能である。たとえ短期的に資料を集めたとしても、未来に繋ぐことは難しい。生み出される記録のライフサイクルを持続的に管理し、保存・利用していくためには、保存施設、体制、システム等が十分であるかを考えなくてはならない。

†後世に残すべき公文書の整理・保存

神戸市役所では、阪神・淡路大震災当時の被災状況および復旧・復興についての記録を「後世に残すべき重要な公文書（歴史的公文書）」とみなして各所管課から収集し、2010年度から2017年度に整理作業を行った。

整理が完了した「阪神・淡路大震災関連文書」は、神戸市HP上に文書目録が公開されている。文書の閲覧には情報公開制度による所定の手続きを要し、閲覧希望者が提出した公文書公開請求書をもとに審査・公開が行われる。

神戸市における震災関連文書の収集に向けた動きは、1999年11月に始まった。

震災から5年が経って1994年度の完結文書が保存期間5年を満了するにあたり、震災復興本部総括局企画課文書館と総務局庶務課文書係は、「阪神・淡路大震災関連公文書等の保存と引継等について（依頼）」の文書を各局室区庶務担当課長宛に送付した。これは、「震災、避難、生活支援、復旧、復興の記録等は歴史的な価値が大きいと考えられるため」、保存期間満了文書の延長・保存を周知する趣旨だった。

この引継ぎが本格的に動き出したのは2005年である。改めて保存と引継ぎについての依頼文書が発信され、保存期間10年を満了する1994年度完結文書について、「廃棄予定文書」と「保存延長文書」に区別した目録を作成して文書館へ提出するよう指示した。提出目録をもとに文書館で協議の上、保存延長が決まった文書は所管課から文書館が引き継いで保管することとした。これは、公文書の管理や評価選別を事務分掌とはしてこなかった神戸市文書館にとって、限定的にではあるが、まったく新たな業務が生じた契機と言えるだろう。

さらに、震災関連の公文書・行政資料等の原則保存が方針とされた一方で、文書量の調査を行った結果、書架延長約4・2kmにも相当したという。のちに、不要な文書を廃棄する方針の検討に迫られ、「同種の文書が大量に存在する」場合は廃棄と定められた。

２００９年度に整理手法を検討し、２０１０年度からは保管場所への移送を行い、文書整理が始まった。整理作業は神戸市の外郭団体だった公益財団法人神戸都市問題研究所に委託され、神戸市ＯＢ職員とアルバイトスタッフが目録作成作業にあたった。

なお、神戸市文書館の運営については、２００３年度より神戸都市問題研究所が受託していた。こうした経緯を見ると、１９９９年度の震災関連文書の保存延長と引継ぎから一連の事業として、文書館と震災関連文書と都市問題研究所との関係が続いていたことがわかる。

２０１７年度末の都市問題研究所の閉鎖に伴い、２０１８年度より文書館は行財政局に移管され、震災関連文書の管理を行っている。約２万５０００簿冊（約３７００箱）に及ぶ整理済みの震災関連文書は、いずれ、整備中の神戸市歴史公文書館に収められるだろう。

✝神戸市文書館から歴史公文書館へ

１９８９年に開設した神戸市文書館は、『新修神戸市史』編纂のためにさまざまな地域歴史資料を収集し、整理した資料については閲覧・利用に供してきた。

この取り組みにとどまらず、市政の基本方針や基本的な計画に関する公文書、市の大規模な事業の施行に関する特に重要な公文書、阪神・淡路大震災に関連する公文書等、神戸市公文書管理規程に定める歴史的価値があるもので後世に残すべき重要な公文書を「歴史的公文書」と位置づけ、その保存・利用を実現するために、神戸市歴史公文書館を整備することとなった。

地方公共団体の公文書管理は、地方自治法第149条において自治事務（市長の担任事務）とされている。神戸市では1960年に、公文書の管理ルールにあたる公文書管理規程を制定し、公文書の作成・整理・保存及び廃棄を実施してきた。また、神戸市公文書公開条例（1986年制定）を全面改正し、2001年に協働と参画のまちづくりの推進を目指して神戸市情報公開条例を定め、市民への積極的な情報提供に努めてきた。

一方で、公文書館法（1988年施行）や公文書等の管理に関する法律（2011年施行、以下「公文書管理法」）によって、地方公共団体の文書管理体制に対する充実・強化が求められてきたと言えよう。神戸市では、2017年に歴史的公文書の運用を定めるなどの規程改正や、文書の電子化、目録管理を進めてきた。

しかし、1889年に市制が施行されてから135年ものあいだに残されてきた、大都市・神戸市の歴史的公文書は膨大である。

1945年の戦災や1995年の震災によって失われた文書もあるだろうが、何よりも、昭和期のうちに一元管理を実現しなかったことによる、資料保存機関に引き継がれなかった公文書としての保管時期の長さは想像に難くない。ここでの最大の課題は、簿冊を手に取って目録作成作業を進めようとする視点に立つと気づくだろう。

前述した、神戸市の震災関連文書の収集・整理には、簿冊約2万冊の整理を終えるために8年間を要した。つまり、未整理の文書量が多ければ多いほど、それらの目録を作成したり、資料保存の手当てをしたりすることには時間と労力がかかる。それらの整理・公開を現場で進めつつ永久保存し、利活用を目指すためには、公文書館の機能に特化した施設と管理運営体制が求められるわけだ。

そこでは、適切な職員数の配置とともに、専門職員としてのアーキビスト(archivist)が果たす役割が大きい。

アーキビストとは、公文書館をはじめとするアーカイブズ(archives)において働く専門職員をいう。アーキビストは、組織において日々作成される膨大な記録の中から、世代を超えて永続的な価値を有する記録を評価選別し、将来にわたっての利用を保証するというきわめて重要な役割を担う。

２０２０年には、その信頼性と専門性を確保するため、国立公文書館長が認証する「認証アーキビスト」制度が成立した。アーキビストには、公文書管理機関の文書管理制度やそのライフサイクルと、歴史的公文書等の評価選別・収集、保存、利用、普及という一連のアーカイブズ業務を十分に理解して、主体的な調査研究を基盤にして職務を遂行することが求められる。

神戸市歴史公文書館の開館は２０２６年度を目標としている。１９８９年から35年余りの神戸市文書館の機能を発展させて「市政史」の検討を担いつつ、公文書館法第５条に該当する条例設置の「公文書館」として開館する予定である。

施設は、兵庫津に立地する国登録有形文化財の旧岡方《おかがた》倶楽部の建築（口絵10）を活用して展示室を設け、南側に収蔵庫、事務室、閲覧室を備える5階建ての本館を新設することが決まり、２０２４年春に着工した。市政や歴史的事実の記録である歴史的公文書を保存し、市民共有の知的資源として、主体的に利用できるように目録を公開し、現在及び将来の市民に対して説明責任を果たす。

この「神戸」の記録をつなぐ画期的かつ永続的な取り組みは、まさに、神戸市の新たな一歩といえるだろう。

おわりに 「神戸」を語るのは誰か

神戸はふりむかないまち、と昔から言われてきた。また、新しい文化や技術を進んで受け入れてきた「進取の気風」を継承してきた。

しかし、ふりむかない傾向と進取の気風とは、決して同義ではない。歴史に興味を持って史実を理解したうえで、ノスタルジーに浸《ひた》ることなく現在を見つめ、未来を目指して進むことはできる。

誰かが語ったまちの様子やまちへの想いは、記録として残る。時間が経ってよくわからなくなってしまっても、それを手がかりに当時のまちで発生した出来事やイメージを捉えることができる。

一方で、著名人や「声」の大きい人が語ったことは、引用されやすく「史実」になりやすい。その内容に誤りや偏重があっても、信じられて伝えられてしまう。

この声の大きさは、情報発信力とも言い換えられる。都市史、つまり「まちの歴史」に目を向けると、新聞記事の影響とともに、市役所などの基礎自治体の発信力がきわめて高い。自治体は、都市計画の決定主体として、市域の変化を管理するとともに、まちを更新する際の事業の記録を残す役割にあるといえる。

さらに、情報を長く残そうとするとき、文字・活字という記録技術の可能性は大きい。その一方で、個人による出版や頒布のハードルは高く、公的な組織による刊行物は報告の意味を持つために適宜発行され、記録として後世に残りやすい。

私は、特定の時期・対象の行政史を捉えなおしたいというモチベーションで、神戸のまちを調べはじめた。特定の個人の歴史という枠組みから外れた、無名に近い不特定多数の人びとが群れる都市空間について、その歴史を明らかにする方法を求めていた。その一つが、かつて都心部にあった闇市であり、闇市を整理して生まれた商業空間だった。

研究を始めた頃、まずは、自分の研究に関係する時代・エリアの行政資料を読んだ。そして、明らかにしたい課題を整理して仮説を立て、新聞や資料の調査を行いつつ、地図と写真を集めて、現地調査やヒアリング調査を行った。

50~70年前の神戸のまちをさまざまな資料から捉え、空間イメージを自分の感覚にすることを心がけた。現在と当時とをつなぐ土地勘を持っていれば、地元の人に話を聞いたときにも思い出話で終わらず、事実を見出す可能性が高まる。だからこそ、決定的な資料という見方は持たないほうがよいとも考える。都市史の研究は記録が見つからないと成立しない。

一方で、その記録や資料や痕跡ひとつで全容が明らかになるわけではない。たとえば、記録を残したり記憶を語ったりする主体や、記録の生まれ方や残され方を考えることで、仮説を証明するための気づきが生まれる。

ところで、ふりむかないイメージのある合理的な神戸も、実のところ、定期的に自らの歩みをふりかえっている。

たとえば『神戸市史 第一輯』は1918年に神戸開港50年記念事業として編纂が始まった。第二輯は1934年、第三集は戦後の1957年に着手し、編纂された。『新修神戸市史』は、1989年に市制百年を迎えるにあたっての記念事業として、1982年に編集委員会を設置し、広く資料の収集・保存と、新たな市史の執筆を始めた。

ここからは、震災前の神戸市にとっては、1868年の開港や1889年の市制施行が重大な画期だったことがわかる。2017年1月から12月には、神戸開港150周年記念事業が実施され、コンテナ取扱量が震災前の水準にまで戻りつつあること、ウォーターフロントで進む再開発についても伝えられた。

次の節目は、市制150年を迎える2039年だろうか。

2026年に開館する神戸市歴史公文書館と、そこで紡がれる「市政史」は、きっと神戸市にとって新たな機能を果たすはずだ。

＊

最後に、本書は、筑摩書房の柴山浩紀さんの企画によって実現した。

お声がけいただいたときには楽しくありがたい気持ちでいっぱいだったが、しばらく筆は進まなかった。近現代神戸のあゆみを書くというのは、私にとっては大きくかつ現在進行形のお題のため、ともすれば考えすぎてしまう。なんとか乗り越えようと、これまで執筆してきたことやかかわってきた方々の顔を思い浮かべつつ、一気に書き上げた。

私の姿勢はあくまでも、都市史研究者として、そしてアーキビストとして、愛する神戸というまちの歴史をわかりやすく、魅力的に伝えていくことにある。

そのために、記録から示すこと、記録や記憶を伝えることの方法と可能性が感じられるような記述を心がけた。まだ事業の途上につき語れないこともあったが、それはこれからの神戸を見守っていただきたい。

2024年7月

村上しほり

参考文献

＊神戸市政のあゆみ

・新修神戸市史編集委員会編『新修神戸市史　歴史編Ⅲ　近世』神戸市、１９９２年
・新修神戸市史編集委員会編『新修神戸市史　歴史編Ⅳ　近代・現代』神戸市、１９９４年
・新修神戸市史編集委員会『新修神戸市史　行政編Ⅲ　都市の整備』神戸市、２００５年
・村田誠治編『神戸開港三十年史』神戸市開港三十年記念会、１８９８年
・神戸市役所衛生課編『神戸市伝染病史』神戸市役所衛生課、１９２５年
・神戸市『神戸市公報』神戸市役所
・神戸市『神戸市民時報』神戸市役所
・神戸市『市政だより』神戸市役所、１９５１〜７０年
・神戸市文化課『神戸市公報　十ヶ町村合併記念号』神戸市役所、１９４７年3月
・神戸開港百年史編集委員会編『神戸開港百年史　建設編』神戸市、１９７０年
・神戸市都市計画局編『戦災復興　都市改造から環境改善まで（戦後の区画整理の歩み）』神戸市、１９７5年
・神戸市都市計画局編『都市計画事業のあゆみ』神戸市、１９８２年
・原忠明『激動期　六人の神戸市長―原忠明回想録』原忠明、１９８８年
・財団法人神戸都市問題研究所「季刊　都市政策」第59号、１９９０年4月
・神戸市住宅局住宅部計画課『神戸の住宅』神戸市住宅局、１９９０年
・神戸市都市計画総局編『都市計画の足跡』神戸市都市計画総局、２００７年

・神戸市「神戸市の市街地再開発事業」神戸市、２０１６年
・神戸市「茅葺民家あんしん活用ガイドライン―こうべ茅葺トリセツ―」神戸市、２０１８年６月
・神戸市「六甲アイランドまちの将来の姿―今後のまちづくりの方向性」神戸市、２０２１年２月

＊開港

・「開港開市年月」『太政類典草稿・第一編・慶応三年〜明治四年・第六十巻・外国交際・開港市』１８６７〜７１年（国立公文書館蔵）
・「PLAN OF THE FOREIGN SETTLEMENT OF KOBE（神戸外国人居留地計画図）」J・W・ハート、１８７２年（神戸市立中央図書館蔵）
・「摂州神戸山手取開図」１８７２年（神戸市立博物館蔵）
・永代借地制度解消前後措置連絡委員会『永代借地制度解消記念誌』皇国青年教育会、１９４３年
・兵庫県総務部地方課編『兵庫県市町村合併史』兵庫県、１９６２年
・黒部亨『兵庫県人』新人物往来社、１９７６年
・神戸市立博物館編『特別展 よみがえる兵庫津―港湾都市の命脈をたどる』神戸市立博物館、２００４年
・神戸税関『神戸税関１５０年の歩み』神戸税関、２０１７年
・歴史資料ネットワーク監修「尼崎藩領時代の兵庫」神戸市兵庫区まちづくり推進部まちづくり課、２０１０年
・もぐら『県民性マンガ うちのトコでは』飛鳥新社、２０１０年
・もぐら『あるある兵庫五国』ぴあ、２０２１年

＊水害
・神戸市『神戸市水害復興勤労奉仕記念』神戸市役所、1938年
・神戸市『神戸市水害誌』神戸市役所、1939年
・西川荘三『神戸区水害復興誌』神戸区復興委員会、1939年
・六甲砂防工事事務所編『六甲三十年史』六甲砂防工事事務所、1974年3月
・神戸市土木局『神戸の川と山』神戸市土木局、1991年
・神戸市中央区役所『歴史と文学の舞台「生田川」』神戸市中央区役所、1998年
・神戸市『こうべの川』2014年
・山口敬太・西野康弘「神戸市河川沿緑地の形成とその構想の起源―古宇田實の水害復興構想とその戦災復興への影響」『都市計画論文集』49巻1号、2014年4月、128‐139頁

＊戦時下・空襲
・『公園緑地』日本公園緑地協会、1937〜1940年
・『時局防空必携』内務省防空局、1941年、1943年
・情報局編『週報』12月22日号（375）、印刷局、1943年12月
・内閣「公文雑纂・昭和二十年・第七巻・内閣・次官会議関係（一）」1945年
・内閣「公文類聚・第六十七編・昭和十八年・第百二十一巻・地理・土地・森林・都市計画・都市疎開、警察・行政警察」1943年
・米国戦略爆撃調査団"Physical Damage, Kobe, Japan"1946年4月
・小林正信『あれこれと三宮』三宮ブックス、1986年
・洲脇一郎「神戸市の学童疎開と教員」『神戸親和女子大学児童教育学研究』34号、1‐25頁、2015

年3月
・岸本くるみ「『神戸市民時報』にみる防空活動と町内会隣保組織の実態」『神戸市史紀要 神戸の歴史』第28号、25-43頁、神戸市文書館、2023年6月
・齋藤駿介「戦時期日本における建物疎開の展開に関する制度史的研究（その1）事業対象都市の変遷と事業施行の実態」『日本建築学会計画系論文集』第88巻第808号、2039-2050頁、2023年6月

＊占領と接収

・神戸経済大学「昭和二一年五月起 接収対策委員会記録 其ノ一〜其ノ三」1946年
・神戸大学庶務部庶務課庶務係「渉外関係綴一」1949〜1955年
・芦屋市役所「芦屋市事務報告書 昭和二十五年度」芦屋市役所、1951年
・特別調達庁「調達要求書綴（Procurement Demand）」1950〜1952年（国立公文書館蔵）
・神戸大学百年史編集委員会『神戸大学史紀要』第1号〜第4号、神戸大学百年史編集室、1991〜1994年
・村上しほり『神戸スタディーズ#6 〝KOBE〟を語る――GHQと神戸のまち』デザイン・クリエイティブセンター神戸、2018年3月
・小林宣之・玉田浩之編『占領期の都市空間を考える』水声社、2020年11月
・大場修編著『占領下日本の地方都市――接収された住宅・建築と都市空間』思文閣出版、2021年
・村上しほり・大場修・砂本文彦・玉田浩之・角哲・長田城治「占領下神戸における土地・建物の接収とキャンプ建設に関する研究」『日本建築学会計画系論文集』778号、2749-2759頁、2020年12月

・村上しほり・大場修・砂本文彦・玉田浩之・角哲・長田城治「占領下大阪における建物の接収と占領軍家族住宅地区の建設に関する研究」『日本建築学会計画系論文集』778号、2839-2849頁、2020年12月
・村上しほり・大場修・砂本文彦・玉田浩之・角哲・長田城治「占領下日本における部隊配置と占領軍家族住宅の様相」『日本建築学会計画系論文集』739号、2441-2450頁、2017年9月

＊戦災復興

・兵庫県都市研究会編『都市研究』兵庫県都市研究会、1925〜1939年
・建設広報協議会編『建設月報』建設広報協議会、1948年
・兵庫県土木部計画課『復興誌』兵庫県土木部計画課、1950年
・建設省編『戦災復興』第10巻（神戸市）、都市計画協会、1961年
・建設省計画局区画整理課監修『神戸戦災復興誌』神戸市建設局計画部、1961年
・長浜時雄「終戦直後に於ける戦災復興施策」『新都市』15巻1号、1961年1月、19-22頁
・「対談：川手昭二、宮崎辰雄　区画整理と都市づくり」『建設月報』1980年5月
・室崎益輝「神戸市の戦災復興計画に関する研究」『地域安全学会論文報告集』8号、316-319頁、1998年10月
・越澤明「戦災復興計画の意義とその遺産」『都市問題』第96巻第8号、50-55頁、2005年8月
・村上しほり『神戸　闇市からの復興——占領下にせめぎあう都市空間』慶應義塾大学出版会、2018年
・村上しほり「戦災都市における復興構想と神戸の都市計画」『空想から計画へ——近代都市に埋もれた夢の発掘』中川理・空想から計画へ編集委員会編、思文閣出版、2021年

＊阪神・淡路大震災

・震災復興誌編集委員会編『阪神・淡路大震災復興誌』阪神・淡路大震災記念協会、1997〜2005年
・震災復興調査研究委員会編『街の復興カルテ』21世紀ひょうご創造協会、1997〜2006年
・神戸市『六甲道駅南地区 記録誌』2005年
・神戸市都市計画局「新長田駅南地区まちづくりニュース」「六甲道駅南地区まちづくりニュース」他
・『震災モニュメントマップ』震災モニュメントマップ作成委員会（NPO法人阪神淡路大震災「1・17希望の灯り」が継承）、1999〜2022年
・NPO法人阪神淡路大震災1・17希望の灯り・毎日新聞震災取材班『思い刻んで―震災10年のモニュメント』どりむ社、2004年
・阪神・淡路大震災記念 人と防災未来センター資料室「震災資料集 vol.2 所蔵資料図録――暮らしのなかの震災資料」2016年3月
・阪神・淡路大震災記念 人と防災未来センター資料室「くらしと震災学習ノート」2017年3月
・日本建築協会『建築と社会』79（1）、1998年1月
・陳舜臣『神戸というまち』至誠堂新書、1965年
・陳舜臣『神戸ものがたり』平凡社ライブラリー、1998年
・村上しほり「災害メモリアルと減災にむけた震災資料利活用と教育普及の取組」『第23回全国科学博物館協議会研究発表大会資料』全国科学博物館協議会、2016年2月
・村上しほり「戦災の記念から阪神・淡路大震災の記念へ」『建築雑誌』日本建築学会、2017年7月
・村上しほり「新長田駅南地区と六甲道駅南地区の震災復興再開発事業」『建築雑誌』日本建築学会、2

019年3月

＊記録管理

・神戸市立中央図書館・博物館等調査委員会図書館部会「神戸市立中央図書館建設の基本構想答申書」神戸市立中央図書館・博物館等調査委員会、1975年
・神戸市立中央図書館・博物館等調査委員会図書館部会「神戸市立中央図書館建設について意見書」神戸市立中央図書館・博物館等調査委員会図書館部会、1976年
・独立行政法人国立公文書館「アーキビストの職務基準書」2018年12月
・日本図書館情報学会用語辞典編集委員会編『図書館情報学用語辞典 第5版』丸善出版、2020年
・阪神・淡路大震災記念協会『震災資料の分類・公開の基準研究会報告書〜阪神・淡路大震災関連資料の活用に向けて〜』2001年
・阪神・淡路大震災記念協会『震災資料の保存・利用、及び活用方策研究会報告書』2002年
・阪神・淡路大震災記念協会『震災資料の公開等に関する検討委員会報告書』2005年
・神戸市「(仮称) 神戸市歴史公文書館整備に向けた基本的考え方」2022年12月
・村上しほり「神戸市戦災関連資料の経緯と再整理」『神戸市史紀要 神戸の歴史』第28号、81-87頁、神戸市文書館、2023年
・岸本くるみ「阪神・淡路大震災関連文書の再整理」『神戸市史紀要 神戸の歴史』第28号、89-93頁、神戸市文書館、2023年

＊HP

・神戸市HP

- 兵庫県ＨＰ
- 国立公文書館ＨＰ
- 米国国立公文書館ＨＰ
- 神戸市立博物館ＨＰ
- 神戸アーカイブ写真館ＨＰ
- 国土交通省ＨＰ「道の歴史」
- 土木学会ＨＰ「旧神戸外国人居留地下水渠」選奨土木遺産選考委員会
- 全国歴史資料保存利用機関連絡協議会（全史料協）ＨＰ

図版出典

口絵

1　J・W・ハート、1870年、151×105㎝
2　『都市計画要鑑附図』内務省都市計画課、内務大臣官房都市計画課、1927年
3　「神戸市疎開空地・焼失区域並戦災地図」兵庫県、1946年（兵庫県立図書館蔵）
4　神戸市文書館蔵
5　米国国立公文書館蔵
6　衣川太一氏蔵
7　神戸市提供（神戸市文書館）
8　神戸市提供（神戸市文書館）
9　筆者撮影
10　筆者撮影

第1章

1-1　宮本亜由美作成
1-2　兵庫五国連邦（U5H）ウェブサイト（https://u5h.jp/）
1-3　『新修神戸市史　歴史編Ⅲ近世』新修神戸市史編集委員会編、神戸市、1992年、87頁
1-4　J・W・ハート、1872年、151×105㎝
1-5　衣川太一氏所蔵

1－6　筆者撮影
1－7　神戸市提供（神戸市文書館）
1－8　『神戸市伝染病史』神戸市役所衛生課編、神戸市役所衛生課、1925年
1－9　宮本亜由美作成
1－10　『神戸市公報　十ヶ町村合併記念号』神戸市役所、1947年3月

第2章

2－1　『新修神戸市史　行政編Ⅲ　都市の整備』新修神戸市史編集委員会編、神戸市、2005年
2－2　宮本亜由美作成
2－3　神戸市提供（神戸市文書館）
2－4　宮本亜由美作成
2－5　湊川隧道HP
2－6　『復刻・土木建築工事画報上・下』第4巻第10号、土木学会監修、1928年10月号、1995年
2－7　神戸市提供（神戸市文書館）
2－8　神戸市提供（神戸市文書館）
2－9　神戸市提供（神戸市文書館）
2－10　神戸市提供（神戸市文書館）
2－11　神戸市提供（神戸市文書館）
2－12　神戸市提供（神戸市文書館）
2－13　筆者撮影

2-14 筆者撮影
2-15 『神戸市水害復興勤労奉仕記念』神戸市、神戸市役所、1938年
2-16 『神戸市水害復興勤労奉仕記念』神戸市、神戸市役所、1938年
2-17 神戸市提供（神戸市文書館）
2-18 神戸市提供（神戸市文書館）

第3章

3-1 神戸市提供（神戸市文書館）
3-2 『神戸市民時報』神戸市役所、1941年8月～1945年11月
3-3 『市政だより』神戸市弘報課、神戸市役所、1951年4月～1970年3月
3-4 個人蔵
3-5 神戸市提供（神戸市文書館）
3-6 『神戸市民時報』第150・151合併号、神戸市役所、1944年10月7日
3-7 神戸市復興本部編『復興神戸市都市計画図』三和出版株式会社、1946年9月に加筆
3-8 MOVING IMAGE "342-USAF-11048"、米国国立公文書館蔵より抜粋

第4章

4-1 衣川太一氏所蔵
4-2 『神戸スタディーズ#6 〝KOBE〟を語る――GHQと神戸のまち』デザイン・クリエイティブセンター神戸、2018年3月
4-3 個人蔵

4－4　個人蔵
4－5　『神戸市内商店街ニ関スル調査』商工省商務局、1936年
4－6　兵庫県立神戸高等学校蔵
4－7　個人蔵
4－8　「最近神戸市実測地図」日本地図、1945年6月をもとに筆者作成
4－9　神戸市提供（神戸市文書館）
4－10　『新時代への飛翔　サンシティ竣工記念誌』粉川大義編、雲井通6丁目地区市街地再開発組合、1990年
4－11　兵庫県立神戸高等学校蔵
4－12　国土地理院USA-M496-34（1947年）をもとに筆者加筆
4－13　朝日新聞社提供
4－14　朝日新聞社提供

第5章

5－1　U.S. Army Soldier 撮影、Hiro Nagano 氏所蔵
5－2　筆者撮影
5－3　"I Corps History of Occupation Japan Dec. 1946" RG 331, 米国国立公文書館蔵に筆者加筆
5－4　神戸市提供（神戸市文書館）
5－5　米国国立公文書館蔵
5－6　U.S. Army Soldier 撮影、Hiro Nagano 氏所蔵
5－7　U.S. Army Soldier 撮影、Hiro Nagano 氏所蔵

5-8 国土地理院 USA-M18-4-59（１９４８年）に筆者加筆

5-9 国土地理院 USA-M324-A-6-52（１９４６年11月）に筆者加筆

5-10 『市政だより』第55号、神戸市役所、１９５４年

5-11 『市政だより』第68号、神戸市役所、１９５５年

5-12 個人蔵

5-13 GHQ DESIGN BRANCH JAPANESE STAFF 商工省工芸指導所編『DEPENDENTS HOUSING』１９４８年

5-14 Headquarters Kobe Base Office of the Base Engineer, Feb. 1951 ("Procurement Demand JPNR-198" 1950-1952)

5-15 朝日新聞社提供

第6章

6-1 建設省編『戦災復興誌』第10巻（都市編 第7：東京都 横浜市、名古屋市、大阪市、神戸市）、都市計画協会、１９６１年

6-2 神戸市提供（神戸市文書館）

6-3 神戸市提供（神戸市文書館）

6-4 １９４８年8月31日撮影、国土地理院 USA-M84-1-50に筆者加筆

6-5 １９６１年5月14日撮影、国土地理院 MKK611-C13-60に筆者加筆

6-6 神戸市提供（神戸市文書館）

6-7 神戸市提供（神戸市文書館）

6-8 神戸市提供（神戸市文書館）

第7章

7-1　神戸市提供（神戸市文書館）
7-2　神戸市提供（神戸市文書館）
7-3　神戸市提供（神戸市文書館）
7-4　神戸市提供（神戸市文書館）
7-5　神戸市提供（神戸市文書館）
7-6　神戸市提供（神戸市文書館）
7-7　神戸市提供（神戸市文書館）
7-8　神戸市提供（神戸市文書館）
7-9　神戸アーカイブ写真館提供
7-10　神戸アーカイブ写真館提供
7-11　神戸アーカイブ写真館提供

第8章

8-1　神戸市提供（阪神・淡路大震災「1・17の記録」）
8-2　神戸市提供（阪神・淡路大震災「1・17の記録」）
8-3　神戸市提供（阪神・淡路大震災「1・17の記録」）
8-4　神戸市提供（阪神・淡路大震災「1・17の記録」）
8-5　神戸市提供（阪神・淡路大震災「1・17の記録」）
8-6　神戸市提供（阪神・淡路大震災「1・17の記録」）

8－7　宮本亜由美作成
8－8　神戸市住宅局、神戸市住宅供給公社、住宅・都市整備公団関西支社「21世紀のアーバン・リゾート・シティ　キャナルタウン兵庫」神戸市、1993年6月
8－9　同前
8－10　神戸市提供（阪神・淡路大震災「1・17の記録」）
8－11　神戸市提供（阪神・淡路大震災「1・17の記録」）
8－12　阪神・淡路大震災記念　人と防災未来センター所蔵
8－13　筆者撮影
8－14　阪神・淡路大震災記念　人と防災未来センター所蔵
8－15　筆者撮影

第9章
9－1　筆者撮影
9－2　筆者撮影
9－3　筆者撮影
9－4　筆者撮影
9－5　筆者撮影
9－6　筆者撮影
9－7　神戸アーカイブ写真館提供
9－8　神戸アーカイブ写真館提供
9－9　神戸アーカイブ写真館提供

9-10　宮本亜由美作成
9-11　筆者撮影
9-12　神戸アーカイブ写真館提供
9-13　神戸市建築住宅局建築指導部建築安全課建築安全係『こうべ茅葺トリセツ――茅葺民家あんしん活用ガイドライン』神戸市、2018年6月
9-14　神戸市HP
9-15　神戸アーカイブ写真館提供
9-16　筆者撮影

＊写真提供について

神戸市が保存する写真は、複数のウェブサイトから公開・提供されている。

2014年12月に神戸市は、震災写真をウェブ上で閲覧・利用できる「阪神・淡路大震災『1・17の記録』」を公開した。震災20年に向けて、クリエイティブ・コモンズ・ライセンスを定めた二次利用可能の写真データを提供し、震災の経験や教訓を継承するために活用されることが期待される。

また、市広報を目的に撮影した写真等を提供するウェブサイト「PHOTO PORT 神戸市フォトアーカイブ」が、2021年5月に公開された。2012年に開設した「神戸アーカイブ写真館」がデジタル化した写真をウェブ上で公開している。

神戸市文書館も、神戸市史の編纂にあたって収集した写真の一部を画像データで提供している。なお、開設準備中の「神戸市歴史公文書館」では、ウェブ上での写真の公開と利用の促進を目指している。

〈事物索引〉

あ行

か行

さ行

た行

な行

は行

ま・や行

ら・わ行

ABC

〈人名索引〉

あ行

か・さ行

た行

な・は行

ま行

や行

西暦	元号	出来事
1173	承安 3	平清盛が経ヶ島を築き、大輪田泊を改修
1769	明和 6	明和の上知令による兵庫津の幕府領への編入
1799	寛政 11	択捉航路の開拓
1864	文久 3	海軍操練所の創設
1868	慶応 4	1 月　神戸港開港。旧外国人居留地の造成 第 1 次兵庫県の設置
1871	明治 4	廃藩置県による第 2 次兵庫県の成立 雑居地永代借の禁止。生田川の付け替え工事の完了
1874	明治 7	神戸駅の開業
1875	明治 8	兵庫新川運河の完成。外国人居留遊園の開園
1876	明治 9	第 3 次兵庫県の成立。地家貸渡規則の制定
1877	明治 10	コレラの流行
1888	明治 21	山陽鉄道株式会社による兵庫―姫路間の開通
1889	明治 22	《神戸市制の施行》。神戸―新橋間に東海道線の全通
1892	明治 25	下水道の完成
1896	明治 29	《湊村、池田村、林田村の合併》
1899	明治 32	耕地整理法の制定
1901	明治 34	湊川の付け替え工事により湊川隧道の完成
1905	明治 38	上水道創設工事の完成。阪神電気鉄道大阪―三宮間の開通
1907	明治 40	神戸港第一期修築工事の開始（1922 年竣工）
1911	明治 44	湊川公園の開園
1917	大正 6	市街地電車の市営化
1919	大正 8	神戸港第二期修築工事の開始（1939 年竣工） 都市計画法、道路法の施行
1920	大正 9	《須磨町の合併》。阪神急行電鉄大阪―上筒井間の開通
1921	大正 10	神戸市立図書館の開館。『神戸市公報』の創刊
1922	大正 11	神戸市都市計画区域の指定
1924	大正 13	湊川公園内に神戸タワーの完成
1929	昭和 4	《六甲村、西灘村、西郷町の合併》
1931	昭和 6	耕地整理法改正。区役所の開設 現 JR 高架橋の完成、現在地に三ノ宮駅の移転開業
1932	昭和 7	生田川の暗渠化
1934	昭和 9	請願駅として現 JR 元町駅の開業
1937	昭和 12	防空法の施行。日中戦争の発生
1938	昭和 13	国家総動員法の施行。阪神大水害の発生
1939	昭和 14	第二次世界大戦の開戦。価格等統制令の施行

西暦	元号	出来事
1941	昭和 16	《垂水町の合併》。『神戸市民時報』の創刊 太平洋戦争の開戦
1942	昭和 17	食糧管理法の施行。神戸市防衛局（防衛本部）の設置
1943	昭和 18	都市疎開実施要綱の閣議決定
1945	昭和 20	神戸市、空襲を受け市街地の大半を焼失 ポツダム宣言の受諾、戦争の終結 連合国軍（GHQ）の進駐開始。土地・物件の接収開始 神戸市復興本部の設置。戦災復興院の設立 住宅緊急措置令の施行
1946	昭和 21	神戸市復興基本計画要綱の決定。特別都市計画法の施行 都会地転入抑制緊急措置令、臨時建築制限令の施行 物価統制令、露店営業取締規則（兵庫県令）の施行
1947	昭和 22	元町高架通商店街の成立 GHQ 家族住宅「六甲ハイツ」の建設 地方自治法、災害救助法の施行 《有馬町、山田村、有野村、神出村、伊川谷村、櫨谷村、押部谷村、玉津村、平野村、岩岡村の合併》
1948	昭和 23	GHQ による「経済安定 9 原則」の指令 都会地転入抑制法の施行
1950	昭和 25	三宮高架商店街の成立 日本貿易産業博覧会「神戸博」の開催 港湾法、神戸国際港都建設法、住宅金融公庫法の施行 《御影町、魚崎町、住吉村、本山村、本庄村の合併》
1951	昭和 26	《道場村、八多村、大沢村の合併》。公営住宅法の施行 神戸港、大都市管理港湾として神戸市に移管 『市政だより』の創刊
1952	昭和 27	耐火建築促進法の施行。サンフランシスコ平和条約の発効 神戸港突堤の接収全面解除（1946 年 11 月～） 神戸大学内施設の接収解除
1953	昭和 28	接収解除地整備事業の実施（税関前、神戸駅前、切戸町） 神戸港東部埋立てによる臨海工業地の造成がはじまる
1955	昭和 30	《長尾村の合併》 土地区画整理法の施行。日本住宅公団の設立
1956	昭和 31	地方自治法改正による指定都市制度の創設 神戸市復興促進協議会の設置 神戸国際会館、神戸新聞会館の開館 東舞子住宅団地建設事業の開始
1957	昭和 32	神戸市役所 4 代目庁舎の竣工。花時計の完成

西暦	元号	出来事
1958	昭和 33	《淡河村の合併》 六甲ハイツ用地の接収解除・全面返還
1961	昭和 36	市街地改造法の施行。防災建築街区造成法の施行 昭和 36 年水害の発生
1962	昭和 37	宅地造成等規制法の施行。大橋地区市街地改造事業の開始
1965	昭和 40	第 1 次神戸市総合基本計画の策定
1966	昭和 41	三宮地区市街地改造事業の開始 ポートアイランド第 1 期の着工（1981 年竣工）
1967	昭和 42	須磨離宮公園の開園。昭和 42 年水害の発生
1968	昭和 43	六甲地区市街地改造事業の開始 第 1 回神戸須磨離宮公園現代彫刻展の実施
1969	昭和 44	都市再開発法の施行
1970	昭和 45	市街化区域の設定。都市小河川改修事業制度の創設 『広報紙「こうべ」』の創刊
1972	昭和 47	人間環境都市を宣言 地下鉄西神・山手線の着工。山陽新幹線・新神戸駅の開業 六甲アイランドの着工（1992 年竣工）
1973	昭和 48	神戸文化ホールの開館
1975	昭和 50	六甲全山縦走第 1 回大会の開催
1976	昭和 51	第 2 次神戸市総合基本計画の策定（人間都市神戸の基本計画）
1977	昭和 52	三宮 2 丁目東地区市街地再開発事業の実施
1981	昭和 56	ポートアイランドのまちびらき 神戸ポートアイランド博覧会の開催 神戸市まちづくり条例の制定。まちづくり協議会の設立 建築基準法施行令の改正（耐震基準の強化）
1982	昭和 57	《神戸市西区の発足》。神戸市立博物館の開館
1985	昭和 60	都市再開発方針の策定 神戸研究学園都市のまちびらき 神戸ハーバーランドの起工（1992 年まちびらき）
1986	昭和 61	第 3 次神戸市総合基本計画の策定 ポートアイランド第 2 期の着工（2009 年竣工） 神戸市公文書公開条例の施行
1987	昭和 62	地下鉄新神戸―西神中央間の全線開通
1988	昭和 63	六甲アイランドの入居開始
1989	平成元	インナーシティ総合整備基本計画の策定 神戸市文書館の開館
1992	平成 4	都市計画マスタープラン規定（都市計画法改正）

西暦	元号	出来事
1993	平成 5	第 4 次神戸市基本計画の策定 アーバンリゾートフェア神戸 '93 開催（～9.30）
1995	平成 7	阪神・淡路大震災の発災 市街地再開発事業の都市計画決定
1996	平成 8	神戸東部新都心地区「HAT 神戸」整備着工
1997	平成 9	神戸港震災メモリアルパークの竣工
1998	平成 10	明石海峡大橋の供用開始。被災者生活再建支援法の施行
1999	平成 11	キャナルタウン兵庫の竣工 「阪神・淡路大震災関連文書」延長・保管の開始
2000	平成 12	応急仮設住宅の解消 みなとのもり公園（神戸震災復興記念公園）の都市計画決定告示。阪神・淡路大震災慰霊と復興のモニュメント《COSMICELEMENTS》の除幕
2001	平成 13	神戸市情報公開条例の施行
2002	平成 14	阪神・淡路大震災記念 人と防災未来センターの開館
2005	平成 17	六甲道駅南地区再開発事業の完了 兵庫県住宅再建共済制度の創設。景観法の施行 神戸市 HP「神戸 災害と戦災 資料館」の開館
2006	平成 18	神戸空港の開港（1999 年着工）
2011	平成 23	第 5 次神戸市基本計画の策定
2015	平成 27	三宮駅周辺地区の再整備基本構想の策定 「BE KOBE」の誕生。「食都神戸」構想の推進
2016	平成 28	葺合南 54 号線の再整備
2017	平成 29	神戸開港 150 年記念メリケンパークのリニューアル
2018	平成 30	「阪神・淡路大震災関連文書」の整理完了 公益財団法人神戸都市問題研究所の解散 神戸三宮「えき≈まち空間」基本計画の策定
2019	令和元	リノベーション・神戸の開始
2020	令和 2	三宮プラッツの竣工 国立公文書館による「認証アーキビスト」制度の創設
2021	令和 3	サンキタ通りの改良、サンキタ広場の竣工
2022	令和 4	「(仮称) 神戸市歴史公文書館整備に向けた基本的考え方」の策定
2023	令和 5	下町スタートアッププロジェクトの開始 神戸登山プロジェクトの実施
2024	令和 6	神戸市歴史公文書館の着工（2026 年度開館予定）

※市町村合併は《　》に括って示した。

ちくま新書
1832

神戸《こうべ》
――戦災《せんさい》と震災《しんさい》

二〇二四年一二月一〇日　第一刷発行

著　者　村上しほり（むらかみ・しほり）
発行者　増田健史
発行所　株式会社　筑摩書房
東京都台東区蔵前二-五-三　郵便番号一一一-八七五五
電話番号〇三-五六八七-二六〇一（代表）
装幀者　間村俊一
印刷・製本　株式会社　精興社

ISBN978-4-480-07661-8 C0225

ちくま新書

1401 大阪
——都市の記憶を掘り起こす
加藤政洋
梅田地下街の迷宮、ミナミの賑わい、2025年万博の舞台「夢洲」……気鋭の地理学者が街々を歩き、織田作之助らの作品を読み、思考し、この大都市の物語を語る。

1802 検証 大阪維新の会
——「財政ポピュリズム」の正体
吉弘憲介
誰に手厚く、誰に冷たい政治か。「身を切る改革」、授業料無償化から都構想、万博、IR計画まで。印象論を排し、財政データから維新の「強さ」の裏側を読みとく。

1808 大阪・関西万博 「失敗」の本質
松本創編著
理念がない、仕切り屋もいない、工事も進まない。なぜこんな事態のまま進んでしまったのか？ 政治・建築・メディア・財政・歴史の観点から専門家が迫る。

1775 商店街の復権
——歩いて楽しめるコミュニティ空間
広井良典編
コミュニティの拠点としての商店街に新たな注目が集まっている。国際比較の視点や公共政策の観点も盛り込み、未来の商店街のありようと再生の具体策を提起する。

1654 裏横浜
——グレーな世界とその痕跡
八木澤高明
オシャレで洗練され都会的なイメージがある横浜。しかし、その背景には猥雑で混沌とした一面がある。欲望、野心、下心の吹き溜まりだった街の過去をさらけ出す。

1797 町内会
——コミュニティからみる日本近代
玉野和志
加入率の低下や担い手の高齢化により、存続の危機に瀕する町内会。それは共助の伝統か、時代遅れの遺物か。コミュニティから日本社会の成り立ちを問いなおす。

1171 震災学入門
——死生観からの社会構想
金菱清
東日本大震災によって、災害への対応の常識は完全に覆された。科学的なリスク対策、心のケア、霊性、コミュニティ再建などを巡り、被災者本位の災害対策を訴える。